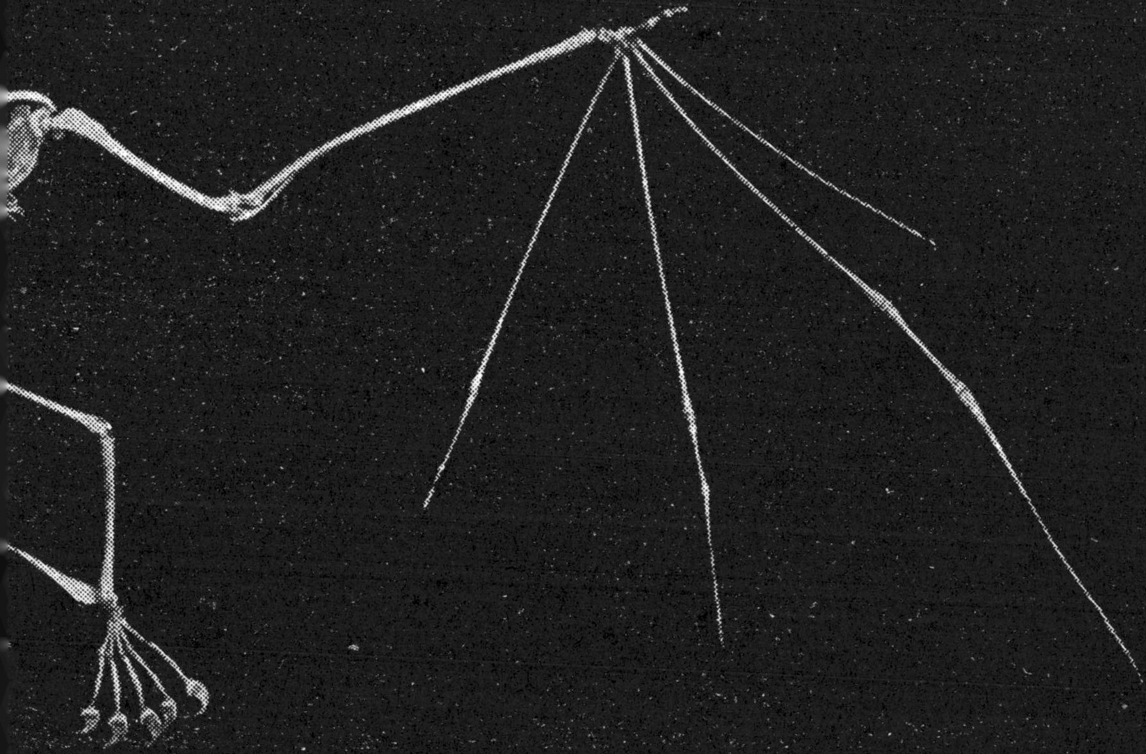

LEICHTES UNBEHAGEN 2
VON MENSCHEN UND ANDEREN TIEREN

CORD RIECHELMANN

# LEICHTES UNBEHAGEN 2
# VON MENSCHEN UND ANDEREN TIEREN

MIT ARBEITEN VON ROSEMARIE TROCKEL

Herausgegeben von Brigitte Oetker

Verlag der
Buchhandlung Walther und Franz König

Usher, 2024

# VORWORT

## Janes Hände

„Animismus ist die einzige *sensible* Version des Materialismus."
Eduardo Viveiros de Castro in *Perspektiventausch*

„Wir müssen nicht nur neu säen, sondern uns auch wieder mit all den fermentierenden, anstiftenden und Nährstoffe bereitstellenden Assoziierten impfen, die alle Samen brauchen, um wachsen zu können. Eine Rückgewinnung ist immer noch möglich, aber nur in artenübergreifenden Bündnissen, quer zu den tödlichen Trennungen von Natur, Kultur und Technologie oder von Organismus, Sprache und Maschine. Die feministische Cyborg hat mich das gelehrt; die humanimalischen Welten von Hunden, Hühnern, Schildkröten und Wölfen haben mich das gelehrt; und in flüchtigen, pilzartigen, mikrobischen, symbiogenetischen Kontrapunkten lehren mich das die Akazienbäume Afrikas, der Amerikas und der pazifischen Inseln, mit ihren Ansammlungen von GenossInnen quer durch alle Taxa. Welten zu säen handelt davon, die Geschichte der Art-GenossInnen für weitere ihrer beharrlichen Vielfalt und für mehr ihrer drängenden Probleme zu öffnen."
Donna J. Haraway in *Unruhig bleiben*

Die Hände in den Hosentaschen, halb im Schaukelstuhl sitzend, halb liegend, die Weinflasche vor sich auf dem Tisch, schaute der Affe aus dem Fenster und wunderte sich schon nicht mehr. Der Affe stammte von der Goldküste und hatte dort wohl ein freies Leben geführt, bevor er von einer Jagdexpedition der Firma Hagenbeck eingefangen wurde, um im Hagenbeck'schen Tierpark ausgestellt zu werden. Auf dem Weg von der Küste in den Tierpark war dem Affen sein Affentum zu einer nur noch verschwommenen Erinnerung geronnen. Dafür hatte er eine existentielle neue Erfahrung gemacht. Er hatte die Menschenfreiheit kennengelernt und ihr Wahrzeichen, die „selbstherrliche Bewegung". Eine Bewegung, die dem Affen in ihrer Lächerlichkeit so einging, dass er diese Form der Freiheit lieber nicht haben wollte.

Und was Kafka den Affen dann noch erzählen lässt, gibt eine erste präzise Vorschau auf das, was den Menschenaffen viel später in den

Laboren der Wissenschaft widerfahren sollte. Denn als *Ein Bericht für eine Akademie* im Oktober 1917 in der von Martin Buber herausgegebenen Zeitschrift *Der Jude* erschien, hatte man zwar auf Teneriffa schon Schimpansen eine Banane zu hoch in ihren Käfig gehängt, aber die systematische wissenschaftliche Ausbeutung der Menschenaffen lag noch in der Zukunft. Eine Zukunft aber, die schon in diesen Jahren mit dem Eintritt der Vereinigten Staaten in den Ersten Weltkrieg anbrach, denn der Ausgangspunkt der modernen Primatologie in Nordamerika ist eng mit der Suche nach einem Tiermodell für die Erforschung von damals sogenannten Kriegspsychosen verknüpft. Wenn man das heute weiß, wird Kafkas Affenbericht zu etwas, das Sigmund Freud als „unheimlich" bezeichnet hätte.

Es ist jedenfalls nur vernünftig anzunehmen, dass der Hund aus Kafkas Erzählung zu den *Forschungen eines Hundes* sehr genau weiß, was er tut, wenn er eine „andere Wissenschaft" fordert. Der Hund wie der Affe in der Akademie sind keine La Fontaine'schen Fabeltiere mehr, sie sind echte Tiere, die eine besondere Erfahrung gemacht haben, nämlich die des modernen Labors der Wissenschaften. Günther Anders hat einmal gesagt, dass ein biologisches Experiment in einem tierpsychologischen Institut zwar bestimmt nicht so realistisch aussehe wie der Hagenbeck'sche Tierpark, dafür sein Resultat aber so realistisch sei wie die Versuchsanordnung einer Erzählung Kafkas. Und Kafkas Tiere sind die ersten, die von dieser Erfahrung als der Erfahrung eines Verlustes von Affentum und Hundheit in den Laborwelten der Wissenschaft erzählen, ohne in Bitterkeit zu versinken.

In der an ein Herbarium eines Naturkundemuseums erinnernden Schaukasten-Assemblage *Music Box* aus dem Jahr 2013 versammelt Rosemarie Trockel Material, das zwischen den Wissensgeschichten von Kunst und Wissenschaft hin- und herspringt, wie es Franz Kafka in all seinen Tiererzählungen tut. So sieht man einen lebensechten Gipsabdruck der linken Hand der Primatologin Jane Goodall, deren Finger mit einem weißen Wollfaden umwickelt sind. Goodall, der seit langem schon Trockels Bewunderung gilt, war überhaupt die erste Forscherin, die 1960 nur in Begleitung ihrer Mutter in den Dschungel von Tansania zog, um Schimpansen zu beobachten. Von dort lieferte sie Beobachtungen und Bilder von den Menschenaffen, die etwas mit deren wirklichem Leben zu tun hatten. Vor ihr wusste man absolut nichts über das Leben von Schimpansen im Freiland. In Trockels Interpretation dieses Unwissens steht Goodalls Hand in einem Regal über einem Schwarz-Weiß-Siebdruck auf Blech, der einen Schimpansen im dreiteilgen Anzug mit Krawatte, Hut und Schnürstiefeletten zeigt. Der Menschenaffe posiert dabei mit einer nicht angezündeten Zigarette im Mund, an eine Konsole gelehnt. Zusammen mit dem Satz „WHAT IT IS LIKE TO BE WHAT / YOU ARE NOT“ führt die *Music Box* direkt zu Franz Kafkas seherischer Erzählung *Ein Bericht für eine Akademie*. Darin erzählt der Affe Rotpeter, dass er sich der menschlichen Sprache zugewandt habe, nachdem die Menschen ihm das Alkoholtrinken beigebracht hätten. Über die Menschendroge kommt der Affe zum Menschen und wie schon der Begriff Menschenaffe dem Affen seine Wildheit raubt, so kam der Schimpanse vor Goodalls Forschungen in keiner Erzählung zu sich selbst. Kafkas Rotpeter hatte aber nicht nur das Trinken gelernt, ihm war auch beigebracht worden, menschliche Gesten „wie ein Künstler“ zu zeigen. Was, wenn man so will, eine der ungewollten Folgen des menschlichen Experimentierens mit Tieren ist: Sie werden buchstäblich, wie Spinnen auf LSD, zu Künstlern.

Trockel verstärkt diesen Effekt noch, indem sie der *Music Box* eine Reproduktion eines Blattes mit Notizen und Zeichnungen von Marcel Duchamp hinzufügt. Die Notizen lauten „Toile d’araignée comme exemple d’isolement / ‚naturel‘ d’une carcasse / (pseudo-géométrique) / d’inframince“. Auf deutsch etwa: „Spinnennetz als Beispiel für die ‚natürliche‘ / Isolation eines Kadavers / (pseudogeometrisch) / inframince“. Während die Zeichnungen scheinbar gespreizte menschliche Beine darstellen und auf eine sexuelle Handlung hindeuten, changiert der Sinn Duchamps zwischen Worten und Bild und bleibt ohne Verbindung zwischen beiden.

Es geht mit anderen Worten in Duchamps Notizen, Kafkas Erzählungen und Trockels kombinatorischen Arbeiten wie *Music Box* nie um eine romantisierende oder harmonisierende Synthese von Verschiedenem. Es wird zusammengestellt, was nicht zusammengehört und auch nicht passend gemacht werden kann. Das ist, wenn man so will, eine Position von Dialektik, die den Kampf zwischen Antipoden, zwischen These und Anti-These insofern ernst nimmt, als sie ihn nicht in der verblendenden Vision einer Synthese zwischen Verschiedenem auflösen zu können meint. Zwischen Antipoden, zwischen Menschen und Affen wie zwischen Wölfen und Menschen gibt es Kommunikation oder ein Gespräch nur dann, wenn die Verschiedenheit beider Seiten nicht der Macht der einen Seite unterworfen, sondern ständig neu ausgehandelt wird, wer jetzt wo und in welcher Situation den Vortritt hat – ein Umgang mit anderen Lebensformen, den Rosemarie Trockel in zwei

Music Box, 2013

kurzen Filmen *Napoli* und *Parade* auf das Niveau einer neuen artübergreifenden Verwandtschaft gehoben hat, die gar nicht erst so tut, als sei sie ohne Dissens zu haben.

Der Videofilm *Napoli* (1994) zeigt die Bewegungen riesiger Schwärme von Staren über Neapel. Dabei spielte Rosemarie Trockel der Zufall insofern in die Hände, als sie gerade eine Kamera dabei hatte, als sie zufällig Zeugin dieses mittlerweile auch in der Wissenschaft als Paradebeispiel für Schwarmintelligenz weltberühmt gewordenen Schauspiels von Tausenden von Staren wurde. Mit dem schwächer werdenden Tageslicht versammeln sich im Herbst und Winter bis zu Millionen von Staren an dafür geeigneten Plätzen. Beginnend mit ein paar hundert Vögeln werden sie schnell Tausende und bewegen sich in der Luft wie in Wolkenwellen. Dabei dehnt sich der Schwarm in Flugmanövern auseinander, als wolle er zerfallen, um sich im nächsten Moment wieder zusammenzuziehen. Biologen, Physiker und Computerwissenschaftler um den italienischen Physiker und Nobelpreisträger Giorgio Parisi, die in den letzten Jahren Schwarmstare untersucht haben, fanden ausgehend von Filmbildern vom Schwarmflug der Vögel ein bemerkenswert unhierarchisches Organisationsprinzip. Was von unten aussieht, als sei es in einer einzigen Choreografie gestaltet, entpuppt sich als ein von lokalen Kleingruppen gespeistes Informationssystem, wie es sich der Kleingruppentheoretiker Fürst Kropotkin oder die Tierschwarmdenker Gilles Deleuze und Felix Guattari kaum besser hätten ausdenken können. Die Stare haben keine zentrale, übergeordnete Koordinations- und Entscheidungsinstanz in ihrem Schwarm. Die einzelnen Vögel behalten immer nur sechs bis sieben andere Vögel sehr genau im Auge. Auf die konzentrieren sie sich und deren Bewegungen folgen sie oder aber veranlassen sie selbst zum Bewegungs- oder Richtungswechsel. Was wie von einem Dirigenten koordiniert wirkt, ist das Zusammenspiel ultraschneller Selbstorganisation und Informationsübertragung.

Grundprinzip der Selbstorganisation sind dabei die sechs oder sieben genau beobachteten Nachbarn. Die Wissensübertragung erfolgt über das Verhalten und die Wissensvielfalt wird schließlich über die große Zahl hergestellt. Dabei handelt es sich aber um ein Wissen, das Trockel, wie auch Millionen anderen Zeugen, noch nicht zur Verfügung stehen konnte, als sie ihre Bilder „schoss". Insofern ist es auch keine Illustration, wenn sie die Stare in ihrem Film zu Jimi Hendrix' *Third Stone from the Sun* schwärmen lässt. Hendrix' überwiegend instrumentales Stück, in dem nur manchmal leise von „den Leuten, die nicht wissen" die Rede ist, war so etwas wie der Inaugurationsrhythmus seiner ersten Band *Jimi Hendrix Experience*. Erschienen 1967 auf der ersten Platte Hendrix' *Are You Experienced*, verband der Song Elemente aus verschiedenen Musikformen wie Jazz oder Psychedelic Rock, ohne sie zu synthetisieren. Wenn man so will, war Hendrix' Aneignung all der Stile, die er gebrauchen konnte, um sie nebeneinander erklingen zu lassen, so etwas wie die Schwarmintelligenz des frühen Sechzigerjahre-Pop.

Napoli, 1994

Im Film *Parade* (1993) erscheinen im ersten Moment weiße Figuren auf blauem Grund und bilden einen leicht verschobenen ungeraden Kreis. Aber bereits mit der nächsten Einstellung werden die erst einzeln und dann in Reihe auftretenden Figuren schnell konkret. Nicht zu übersehen sind Härchen an den Rändern und auch die Bewegungen können als die schlängelnde Fortbewegungsform von Raupen erkannt werden. Was Trockel hier als eine Parade in wechselnden Formationsbewegungen und mit der eigens dafür von Kurt Hoffmann komponierten Musik in Szene setzt, hat ein natürliches Vorbild in den Bewegungen von Prozessionsspinnerlarven. Prozessionsspinner sind Nachtfalter, von denen die Pinien-, Eichen- und Kiefern- Prozessionsspinner die in Europa geläufigsten Arten sind. Was sie alle eint und woher sie ihren Namen haben, ist die Tatsache, dass die Raupen, wenn sie ihre Gespinste verlassen, in denen sie tagsüber ruhen, um Nahrung auf ihren spezifischen Bäumen zu suchen, wie in einer Prozession in langen Reihen durch die Gegend ziehen. Dabei bleibt die Reihe in der Regel geschlossen. Mit dem Kopf in Kontakt zur Vorderraupe ziehen sie so von Baum zu Baum. Geleitet werden sie dabei sozusagen automatisch von ihren Genen. Der Nachweis dafür gelang mit einem simplen Versuch. Als man eine Wanderreihe kurzschloss und die Raupen um ein rundes Hindernis mit einem Durchmesser von eineinhalb Metern marschieren ließ, liefen die Tiere mehrere Tage bis zur totalen Erschöpfung im Kreis. Versuche, aus der Reihe zu treten, wurden nicht beobachtet.

Die Kreisformation am Beginn der Videoarbeit *Parade* kann man auch in Verbindung mit diesem Experiment sehen und die anschließenden Reihenbildungen dann als Rekapitulation der normalen Suchbewegungen der Raupen. Die irgendwann aus der Reihe tretende einzelne Raupe erscheint in diesem Zusammenhang entweder als eine natürliche Verirrung oder auch als ein Vorschlag, es doch einmal anders und allein zu versuchen. Ein Experiment, das in der Natur oft tödlich endet, weil einzelne Raupen leichter gefressen werden als ein Prozessionszug.

Piercing Crown, Bullnose Ring, 2024

Tréogat, Bird Sanctuary, 2024

Konrad Lorenz, 11 years old, 2024

Graugänse – Es gibt ein Foto von Konrad Lorenz, auf dem er nur mit einer weiten Badehose bekleidet auf einer moorigen Insel des österreichischen Almsee auf einer Luftmatratze in der Sonne liegt. Lorenz, der gern wenig anhatte, wenn das Wetter danach war, ist darauf von vier Graugänsen umgeben, von denen drei im Gras weiden, während eine ihm aus der Hand frisst. Unter seinem weißen, dichten Haar, durchgebräunt von der Stirn bis zu den Zehen, fand er es auf der durchnässten Matratze im feuchten Torfmoos nicht ganz so gemütlich, wie es wohl für seine Gänse war.

Die siebziger Jahre gingen zu Ende, als das Foto entstand. Lorenz war immer noch ein Weltstar. Der berühmte Gänsevater war 1973 mit dem Nobelpreis ausgezeichnet worden und im selben Jahr mit 200 Graugänsen und Fernsehbegleitung vom Max-Planck-Institut im bayerischen Seewiesen nach Grünau im Almtal in Österreich umgezogen. Der Umzug war nicht ganz freiwillig gewesen und auch ein Zeichen für Lorenz' methodisch sinkenden Stern in der Wissenschaft.

Die „absolute Identität von Forschen und Spielen", Lorenz' Credo, von dem er seinem Lebensfreund und Mitnobelpreisträger, dem niederländisch-britischen Verhaltensbiologen und aktiven Anti-Nazi Niko Tinbergen, in einem Brief geschrieben hatte, war nicht nur wegen Lorenz' Verstrickung in den Nationalsozialismus in Verruf geraten. Lorenz hatte einen entscheidenden Punkt der Lehre Darwins missverstanden. Wie viele Biologen in den 1920er und 1930er Jahren hielt er die Art für die handlungsanweisende Kategorie für das Verhalten von Individuen, während Darwin Arten und ihre Namen als bloße Abstraktionen verstand. Für Darwin war es vor allem das Verhalten von Individuen, das verändernd auf die Evolution einwirkte und die Individuen waren auch das einzig wirkliche Phänomen, an dem die selektiven Kräfte der Evolution ansetzen konnten. Ab der Mitte der siebziger Jahre waren es britische und amerikanische Biologen, darunter viele Schüler Tinbergens, die unter dem Namen Soziobiologie an diesen Punkt der Lehre Darwins erinnerten und damit Lorenz' Konzept von der Arterhaltung als leitender Kategorie individuellen Handelns verwarfen. Das hielt den alten Mann natürlich weder vom Spielen mit seinen Gänsen ab noch vom dummen Gerede über die „schönen blauen Augen des wohlsituierten Kommunisten Cohn-Bendit". Mit dem fortgesetzten Spielen aber hatte er sogar recht. Denn es waren Zufälle und sein animistischer Umgang mit den Vögeln, die Graugänse und Lorenz zu Synonymen machten. Wenn er das Triumphgeschrei eines Graugansganters in einem Vortrag nachmachte, erinnerte er selbst amerikanische Verhaltens- und Kommunikationstheoretiker wie Gregory Bateson an einen „praktizierenden Totemiker", der in die Seele der Gänse abgetaucht war.

Mit einer Gänsegössel, der Lorenz den Namen Martina gab, hatte im Jahr 1937 jener Teil seines Spielens begonnen, der Resultate hervorbrachte, die bis heute gültig sind. Lorenz hatte Wildgänseeier von einer Pute ausbrüten lassen, wollte nach dem Schlupf die Gössel aber einer Hausgans unterschieben. Dabei war es zu einem kurzen Kontakt zwischen ihm und Martina gekommen, der Martina prägte, von da an Lorenz hinterherzulaufen. Der führte sie dann auch aus, ließ sie neben sich schlafen und blieb ihr auch in ihrem Erwachsenenalter verbunden. Lorenz hatte entdeckt, dass den Küken der Graugänse nur sehr wenig Elternmerkmale angeboren sind. Selbst den Lockruf der Eltern müssen die Küken erlernen und das tun sie in einem sehr kleinen Zeitfenster nach dem Schlupf. In dieses war Lorenz gefallen und zum Gänsevater geworden. Bis zum Schluss blieb er fasziniert vom Paarbildungsverhalten der Gänse. Dass die Paarbildung dann beginnt, wenn einer von beiden nicht mehr flieht oder angreift, machte für ihn die Ambivalenz von Aggression und Zuneigung in einer Bewegung des Zusammenfindens deutlich. Pech hatte er dann nur mit dem Schluss, den er aus dem oft lebenslangen Zusammenbleiben der Paare zog. Er hielt sie für monogam, was sie aber nicht sind. Wie fast alle Vögel sind sie promisk, auf ihre je eigene Art, was sie aber nicht davon abhält, auch lebenslang als Paar zusammen zu bleiben.

Schnabeltier – Friedrich Engels konnte, als er im Jahr 1843 in Manchester die Eier eines Schnabeltieres sah, noch gut lachen. In „hochmütiger Borniertheit", wie er 1895 in einem Brief schrieb, habe er die Dummheit verspottet, die behauptete, dass ein Säugetier Eier legen könne. Engels Größe bestand dann darin, das Schnabeltier für seine etwas zu starre Anwendung zoologischer Begriffe um Entschuldigung zu bitten. Zwischen dem Tag, an dem er die Eier in Manchester gesehen hatte, und seinem Brief von 1895 war aber auch wirklich etwas geschehen.

1859 war Charles Darwins revolutionäres Werk über die Entstehung der Arten erschienen. Engels zählte zu den begeisterten Lesern der ersten Stunde. Und so musste er einsehen, dass „von dem Augenblick an, in dem wir die Evolutionstheorie akzeptieren, unsere Begriffe vom organischen Leben nur noch annähernd der Wirklichkeit entsprechen", wie er in einem Brief ausführte.

Einen anderen Wirklichkeitsschock erlebte ich, als ich in Tasmanien von einer Brücke aus das erste Mal ein echtes Schnabeltier in einem träge fließenden Fluss zwischen Plastikabfällen schwimmen sah. Zu dem für mich durch Texte und Abbildungen in den Lehrbüchern mythisch gewordenen Tier wollte nicht passen, dass es zwischen Plastikmüll schwamm. Dass es nur mit den Vorderfüßen ruderte und das Hinterteil mit dem biberähnlichen Schwanz mit sich zog, dabei sehr schnell den breiten Schnabel von einer Seite zur anderen wie einen Detektor über den Boden zog, passte dann doch wieder zur Literatur.

Schnabeltiere ernähren sich als „Gründler", in dem sie mit dem Schnabel am Gewässerboden nach Krebsen, Wasserinsekten und Schnecken suchen. Dabei können sie auf eine Fähigkeit zählen, die man bis zu ihrer Entdeckung am Ende des vergangenen Jahrhunderts Säugetieren ebenso wenig zugetraut hätte wie früher das Eierlegen. Schnabeltiere sind in der Lage, elektrische Felder im Wasser wahrzunehmen, eine Fähigkeit, die man vor allem von einigen wenig evolvierten Fischarten und Amphibien kennt. Und auch wenn die Rezeptorzellen und der genaue Mechanismus ihres elektrischen Sinns immer noch nicht verstanden werden, ist sicher, dass der Sinn im Schnabel lokalisiert ist und effizient funktioniert. Der elektrische Sinn der Schnabeltiere ist, im Unterschied zur Echoortung der Fledermäuse oder Delfine, bei der diese aktiv Impulse aussenden, um ihre Umgebung zu erkunden, eine „passive" Elektro-Ortung. Die Quelle der vom Schnabeltier wahrgenommenen Elektrizität ist allein die Muskeltätigkeit ihrer Beutetiere. Die elektrische Spannung, die bei jeder Muskelbewegung entsteht, können die Schnabeltiere bis auf eine Entfernung von etwa fünf Zentimetern erspüren. So wird es ihnen möglich, eine im Schlamm oder unter einem Stein versteckte Süßwasser-Garnele zu orten und in ihrem Schnabel verschwinden zu lassen.

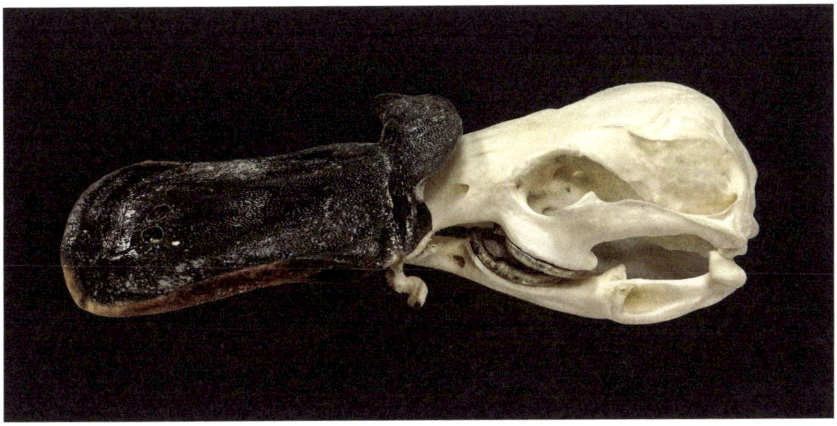

Schnabeltier, 2024

Die noch mit Sand, Kies und Pflanzenresten gemischte Nahrung stopfen sie in ihre Backentaschen. Sind diese voll, tauchen sie auf und sortieren mit Hilfe der Zunge das Verwertbare vom Rest. Das kann zusammen mit den ausdauernden Ruhephasen den Tag der Schnabeltiere ausfüllen und tut es normalerweise auch. Außerhalb der im August beginnenden Paarungszeit interessieren sich Schnabeltiere nicht für andere Schnabeltiere. Obwohl sie sehr standorttreu und einzelgängerisch sind, gibt es keine weiteren Hinweise auf ein spezifisch territoriales Revierverhalten. Wahrscheinlich gehen sie sich einfach, bisher von menschlichen Beobachtern ungesehen, sehr geschickt oder höflich aus dem Weg.

Das ändert sich aber in der Paarungszeit, in der Männchen auf andere Männchen aggressiv reagieren. Härtere Kämpfe sind in der

Forschungsliteratur allerdings nicht beschrieben. Zur nur selten beobachteten Paarung kommt es nach einer durch Schwimmspiele an der Wasseroberfläche eingeleitete Zeremonie. Ist sie vollzogen, gräbt das Weibchen eine Bruthöhle, in der es erst die Eier bebrütet und später die geschlüpften Jungen über Monate versorgt, mit Milch, deren Fettsäuren der menschlichen Muttermilch entsprechen. Bei aller Nähe zu anderen Säugetieren gibt es aber einen Unterschied: Die Jungen saugen die Milch nicht aus den Milchdrüsen, sondern drücken sie aus der Drüse und lecken sie dann auf.

Schnabeltier, 2024

Lemminge – „Was wir über unsere Gesellschaft, ja über die Welt, in der wir leben, wissen, wissen wir durch die Massenmedien", hat Niklas Luhmann an den Anfang seines Buches *Die Realität der Massenmedien* gestellt. Das gelte nicht nur für unsere Kenntnis der Gesellschaft und der Geschichte, sondern auch für unsere Kenntnis der Natur, hat Luhmann präzisierend hinzugefügt. Und das ist einer der Gründe, warum es gut ist, sich von Zeit zu Zeit zu fragen, woher man eigentlich weiß, was man weiß. Genau das hat der Kulturwissenschaftler Thomas Macho in seiner 2017 erschienenen großen Studie *Das Leben nehmen. Suizid in der Moderne* getan.

Macho, der ein Gespür dafür hat, wie die wenigen noch irgendwie aufrecht erhaltenen Mensch-Tier-Unterscheidungen von den empirischen Wissenschaften immer weiter destabilisiert werden, fragt sich darin, ob Tiere wirklich nicht Selbstmord begehen können. Für Macho scheint es zu Beginn seines Buches kurz so, als sei die Fähigkeit, sich selbst zu töten und zu zerstören als einzige Kompetenz übriggeblieben, „die als singulär menschlich behauptet werden darf". Um diesen Befund glaubwürdig zu halten, muss Macho aber zuerst einen Mythos zerstören, nämlich den vom „Massenselbstmord" der Lemminge. Bis heute werden Diskussionen über Kollektiv- und Nachahmungssuizide unter Menschen mit dem Verweis auf die Lemminge illustriert. Und dass sehr viele Menschen nicht nur eine vage Vorstellung vom massenhaften Selbstmord der Lemminge haben, sondern sich relativ genau vorstellen können, wie sie sich an steilen Klippen ins Meer werfen, hat seinen Grund in einem Massenmedium, nämlich dem Film. Auch wenn der Mythos vom Massentod der Lemminge wahrscheinlich in Skandinavien entstanden ist, unter die Leute hat ihn ein Walt-Disney-Dokumentarfilm aus dem Jahr 1958 gebracht. *White Wilderness (dt. Weiße Wildnis)* heißt der Film, in dem so eindringlich gezeigt wird, wie die in Massen wandernden Lemminge erst immer nervöser wandern, bis sie den tödlichen Abgrund erreichen und die Kommentarstimme wissen läßt, dass dies ihre letzte Chance zur Umkehr sei. „Aber sie laufen weiter und stürzen in die Tiefe", heißt es weiter, angeblich getrieben von einem Todesinstinkt, um dann in der letzten Einstellung des Films mit schwindenden Kräften als sterbende Tiere im Wasser zu treiben, bis der Arktische Ozean mit kleinen toten Leibern übersät ist.

Was aber wirklich geschehen war, hat der Journalist Brian Vallee 1983 im kanadischen Fernsehen gezeigt. Disneys Szenen wurden im kanadischen Alberta gedreht, wo es keine Lemminge gibt. Die Filmemacher hatten sie in Manitoba Inuitkindern abgekauft und dann nach Alberta geschafft. Es waren natürlich keine „Massen" von Lemmingen. Um aber den Eindruck von Massen zu erzeugen, wurden die Tiere auf eine große, schneebedeckte Drehscheibe gesetzt, die dann in Rotation versetzt und aus allen möglichen Kamerawinkeln gefilmt wurde. Man sah nicht Massen von Lemmingen, sondern immer wieder dieselben Tiere auf einer rotierenden Scheibe. Und um dem Ganzen noch einen letzten Kick zu geben, hatten die Filmleute die wenig lebensmüden Lemminge die Klippe heruntergeschubst. Von wegen also „Arktischer Ozean, von wegen nachlassende Willenskraft: Ein Massenmord an Tieren im Dienste der Illusionsfabrik Hollywood", wie Brian Vallee resümierte.

Was am Film stimmt, ist, dass die Populationen von Lemmingen und anderen nördlichen Wühlmäusen in den arktischen Tundren, in denen sie leben, zyklisch extrem schwanken. Im Unterschied zu Norwegen,

Tanz der Lemminge, 2024

wo man in Jahren der explosionsartigen Vermehrung der Lemminge tatsächlich manchmal wandernde Tiere sieht, wandern die Lemminge auf Grönland überhaupt nicht. Die regelmäßigen Populationszyklen von Lemmingen sind häufig beschrieben worden und die Verläufe der Zu- und Abnahmen ähnelten sich dabei in allen Untersuchungsgebieten. Im Zeitraum von vier bis fünf Jahren steigerten die Tiere ihre Zahl um das Hunderfache, in Extremfällen auch um das Tausendfache ihrer Ausgangspopulation. Danach brachen die Bestände genauso schnell,

Walt Disney's The Lemmings, 2024

wie sie angewachsen waren, wieder zusammen und alles begann von vorn. Von allen Versuchen, die starken Schwankungen zu erklären, ist bisher nur eine übriggeblieben. Ihr zufolge vermehren sich mit den Lemmingen zeitlich etwas versetzt auch ihre Räuber – auf Grönland zum Beispiel die Hermeline – zu einer so großen Zahl, dass sie das Populationswachstum der Lemminge einbrechen lassen. In der Folge sterben dann aber auch die Hermeline an Nahrungsmangel, weil sie in den kargen Tundren nicht auf andere Nahrung ausweichen können und der Zyklus beginnt von Neuem.

Moose – Moose können fast überall wachsen. Sie gedeihen auf Erde, nacktem Felsgestein, auf Holz und auf der Rinde von Bäumen. Manche von ihnen leben auf Exkrementen und Tierkadavern oder lebenden Blättern. Sie können kleinste Flächen besiedeln. Spezialisten unter ihnen schaffen es sogar, sich auf schwermetallhaltigem Untergrund zu vermehren, der für die meisten Pflanzen giftig ist.

Und doch droht ihnen aufgrund der zunehmenden Trockenheit eine eher sparsam zurückgezogene Existenz. Denn das Wachstum der Moose hängt direkt vom Wasser ab. „Sollten Moose tatsächlich träumen, dann vermutlich vom Regen", schreibt Robin Wall Kimmerer in ihrer Natur- und Kulturgeschichte *Das Sammeln von Moos*. Dass es Kimmerer in ihrem Buch für möglich hält, dass Moose träumen, ist dabei nicht nur eine animistische Spur ihrer indigenen Herkunft. Es ist auch den in den letzten Jahren immens gestiegenen Ergebnissen der Forschung zur Empfindlichkeit, zur Wahrnehmung und Kommunikation von Pflanzen im Allgemeinen geschuldet.

Pflanzen können offenbar nicht nur den aktuellen Zustand ihrer unmittelbaren Nachbarn einschätzen, sie können auch in einem bisher für nicht möglich gehaltenen Ausmaß ihren Umwelten Informationen entnehmen, auf die sie wiederum aktiv reagieren.

Aber natürlich hat auch das Grenzen. Das Leben der Moose bestehe in der Akzeptanz, schreibt Kimmerer. Sie verdienten sich ihre Freiheit vom Schmerz des Wechsels oder Wandels, indem sie sich voll und ganz den Launen des Regens ergeben, heißt es weiter. Bleibt der Regen aus und ist sonst keine Feuchtigkeit vorhanden, trocknen Moose aus, die Photosynthese kommt zum Stillstand, das Wachstum wird eingestellt. Moose können bis zu 98 Prozent ihrer Feuchtigkeit verlieren und dennoch weiterleben. Gegen den Tod durch Trockenheit sind die meisten Moose weitgehend gewappnet und das sehr lange. Es ist schon gelungen, Moose, die in einer Naturaliensammlung verstaubt und vergessen waren, nach vierzig Jahren durch einen Schluck Wasser in der Petrischale zum Leben zu erwecken.

Das, was aber passiert, wenn ein Tropfen Wasser auf Moos trifft, gehört zu den Eigenheiten dieser Pflanzen. Fällt etwas Regen zum Beispiel auf ein Eichenblatt, sammelt sich der Regen auf dem Blatt und fließt irgendwann ab. Baumblätter sind in der Regel mit einer dünnen Wachsschicht überzogen, die das Wasser abweist, wie sie auch verhindert, dass Wasser von innen nach außen verdunstet. Höhere Pflanzen überlassen die Wasseraufnahme ihren Wurzeln und versuchen mithilfe von Leitgefäßen und -systemen sowie komplizierten Speichermechanismen ihren Wasserhaushalt zur Umgebung konstant zu halten.

Moose haben aber weder eine Wachsschicht noch Wurzeln oder Speicher- und Leitsysteme für Wasser in ihrem Inneren. Die Zellen ihrer Blätter haben direkten Kontakt zur Atmosphäre und können so einen Regentropfen in ihren Zellkörper aufnehmen. Dadurch schwillt die Pflanze an und tritt in die Wachstumsphase ein. Das Einfache ihres Körperbaus und ihre große Toleranz gegenüber Feuchtigkeitsschwankungen hat auch historische Gründe. Moose waren vor 350 Millionen Jahren, im Devon-Zeitalter, jene Pflanzen, die – aus Grünalgen hervorgegangen – zuerst den Schritt vom Leben im Wasser zum Leben an Land vollzogen. Und dabei war es zweifellos von Vorteil, dass sie so klein, wurzellos und wetterwendig waren. Ein Vorteil, der sich trotz ihres offenbar einfachen Körperbaus bis heute erhalten hat, so dass Moose in mittlerweile 22.000 Arten fast die ganze Erde besiedeln. Auch wenn sie am besten an durchweg feuchten Orten gedeihen wie Felswänden, aus denen Quellwasser sickert, können sie auch in ausgesprochenen Trockengebieten leben. In diesen Gegenden, seien es Savannen oder Felswüsten, sind sie auf den Morgentau angewiesen. Und der bildet sich über einem Felsblock in der Nacht, wenn der Temperaturunterschied zwischen Gestein und der abgekühlten Luft zur Entstehung von Kondenswasser führt, genau dort wo Luft und Stein aufeinandertreffen, also dort, wo die kleinen Moose gedrängt am Boden wachsen.

Park Sacrow, 2024

Löwenzahn – Als Claude Lévi-Strauss im Herbst 1939 mit dem Beginn des Zweiten Weltkriegs in die Ardennen hinter die Maginot-Linie an die luxemburgische Grenze beordert wurde, befand er sich in einer befremdlichen Lage. Mit nur rudimentären Englischkenntnissen ausgestattet, sollte er dort, „wo es zwar keine Engländer gab, aber immerhin welche hätte geben können" (Lévi-Strauss), als Verbindungsmann zu eben diesen erwarteten Engländern tätig werden. Weil die Engländer aber erst mal nicht kamen, hatte er viel Zeit. Die vertrieb er sich mit ausgiebigen Spaziergängen übers Land.

Dabei tat er, was er gerne tat, er beobachte die Pflanzen, besonders den Löwenzahn. Und die Lektion, die ihm der Löwenzahn auf seinen

Wolfgang Borchert,
Die Hundeblume, 2024

Spaziergängen vom Herbst 1939 bis zum Überfall der Deutschen im Mai 1940 erteilte, kann von heute aus als die Initialzündung dessen gelten, was man später Strukturalismus nennen sollte. Lévi-Strauss hatte neben der existentiellen Bedrohung der Auslöschung, die ihn als Soldaten jüdischer Herkunft im Dienst Frankreichs durch die Deutschen erwartete, noch einen Packen zu tragen.

Er war gerade erst aus São Paulo, wo er von 1934 bis 1937 als Gastprofessor für Soziologie gearbeitet hatte, zurückgekehrt und stand vor einem Berg von Aufzeichnungen, Skizzen, Tagebüchern, Gesprächsprotokollen und getrockneten Pflanzenproben, die er von seinen Expeditionen zu den Indigenen Amazoniens mitgebracht hatte, wusste aber noch nicht im Geringsten, wie er sie auswerten sollte. Und genau wie vor seinen Daten aus Amazonien stand er in den Ardennen vor dem Löwenzahn, den er zwar als vollkommene Pflanze empfand, aber dadurch als kein bisschen verständlicher.

Wie also sollte man den Löwenzahn erklären? Lévi-Strauss fielen dazu jene Methoden der Pflanzensystematik ein, die den Löwenzahn mit anderen Pflanzen konfrontieren, ihn vergleichen, gegenüberstellen und ihn schließlich in Reihen von Ähnlichkeiten und Unterschieden einen Platz im Pflanzenreich zuweisen. Und genau das sollte er, nachdem ihm die Flucht nach New York über den Süden Frankreichs gelungen war, mit seinen ethnographischen Daten tun und ließ ihn damit zum Begründer der strukturalen Anthropologie werden.

Dass Lévi-Strauss damit aber auch die aktuellen Probleme der Systematik des Löwenzahns antizipierte, konnte er nicht wissen. Es sind die nah am Boden wie nach unten wachsenden Wurzeln, die den Löwenzahn robust gegen Wind und Tierfraß machen. Löwenzahn kann sich sehr gut aus der Wurzel regenerieren und stetig nachwachsen. Zudem halten die Wurzeln das nasskalte Kleinklima, das die krautigen Pflanzen „herstellen", im Boden aufrecht. Wegen des Saftes ihrer Wurzeln und wegen ihrer langen fleischigen Pfahlform ist die Wurzel besonders widerstandsfähig.

Für die Biologie ist der Löwenzahn immer schon wegen seiner unregelmäßigen Fortpflanzung und der Geschwindigkeit, mit der sich in dieser Gruppe neue Formen bilden, von Interesse gewesen. Was wir Löwenzahn nennen und wissenschaftlich *Taraxacum* heißt, ist eine außerordentlich formenreiche Gattung, in der sich fortlaufend neue Sippen bilden. Allein für den Gewöhnlichen Löwenzahn sind etwa 240 Kleinarten beschrieben, die man tatsächlich nur mithilfe von botanischer Speziallliteratur bestimmen kann. Wobei Kleinarten in diesem Fall meint, dass sich ihre Mitglieder schon hauptsächlich untereinander fortpflanzen, aber ganz streng geregelt scheint das nicht zu sein. Die Geschwindigkeit, mit der sich neue Formen oder Sippen bilden, hängt entscheidend mit der zwischen geschlechtlicher und ungeschlechtlicher Fortpflanzung wechselnden Vermehrung des Löwenzahns zusammen. Dabei kommen sich sexuell fortpflanzende und sich aus sich selbst heraus vermehrende Pflanzen oft in derselben Population oder auf derselben Wiese vor. Das macht die Beschreibung des

Löwenzahns so schwierig und seine Einordnung unter einen Artbegriff unmöglich. Dem fortschreitenden Wachstum der Pflanze schadet das aber nicht und die zunehmende Erwärmung in den Städten wird bald schon eine zweite Blüte im frühen Herbst ermöglichen.

Draft for Dandelion, Coming Home, 2024

Löwen – Die Forderung nach *Freiheit, Gleichheit und Brüderlichkeit*, die zum Slogan der französischen Revolution wurde, stand damals Auge in Auge mit dem Aufruf *Zurück zu Natur*! Aus der Natur sollte das Anschauungsmaterial kommen, das die Vorrechte und Hierarchien von Adel und Klerus als künstlich und verdorben entlarvte, wobei die Revolutionäre der Natur nicht blind vertrauten.

Für die Akteure von Paris wurde das zu einem Debattenthema, das auch die Tiere selbst betraf. Als 1794 die Nationalversammlung über den weiteren Unterhalt der meist noch aus den königlichen Menagerien übernommenen Tiere im mittlerweile zur Volksbildungsstätte erklärten Jardin des Plantes beriet, wurde den Tieren – unter ihnen auch Löwen – nur unter dem Vorbehalt eine Pension bewilligt, dass es in der Natur keinen König gebe.

Den Löwen hatte Georges-Louis Leclerc, Comte de Buffon, in seiner monumentalen *Histoire naturelle* kurz zuvor überhaupt erst zum König des Tierreichs erklärt. Auch wenn Buffon die Revolution nicht mehr erlebte – er starb 1788 –, gehörte seine Naturgeschichte, von der die letzten Bände im Jahr 1803 erschienen, zum allgemeinen Bildungsgut und damit auch zur neuen Glorie Frankreichs, in der das Volk das Maß aller Dinge sein sollte.

Man arrangierte sich in der Folge mit den verschiedenen Königen und ließ auch den Löwen als König im Käfig, so dass Charles Darwin und Karl Marx fast gleichzeitig feststellten, dass die Zoologie in der Mitte des 19. Jahrhunderts immer noch „rein theologisch“ sei (Darwin) und das „Geheimnis des Adels“ (Marx). Die Befreiung des Löwen aus dem Königtum sollte auch in der Wissenschaft noch einige Zeit auf sich warten lassen.

Erst als der französische Wissenschaftstheoretiker Gaston Bachelard in den 1930er Jahren begann, mit der gemütlichen Vorstellung der Naturwissenschaften als einer Form des Wissens aufzuräumen, die Fragen von Generation zu Generation weiterträgt und stetig sammelnd ihr Inventar komplettiert und an die Stelle der Kontinuität den radikalen Bruch als Quelle des wissenschaftlichen Fortschritts setzte, war es auch die Zeit des Löwen. „Der Löwe ist der König der Tiere, weil es einem Vertreter der Ordnung gefällt, daß alle Wesen, auch die Tiere, einen König haben,“ schrieb er nieder und überwies den Urheber der

Toothless Ape, 2019

Königsmetapher an die Psychoanalyse. „Bevor man lehrt, wie man objektiv beschreibt, hätte man also den Beobachter einer Psychoanalyse unterziehen müssen, hätte man sorgfältig die verdrängten irrationalen Erklärungen an den Tag fördern müssen", diagnostizierte Bachelard treffsicher.

Es erwies sich aber auch die Psychoanalyse selbst als nicht unbedingt zuverlässiger Beobachter, wenn es um Tiere ging. Als der Psychoanalytiker Jacques Lacan Anfang der 1950er Jahre in einem Londoner Zoo einen Löwenmann beobachtete, der in friedlicher Eintracht mit drei Löwenfrauen zusammen zu leben schien, wähnte er sich dem Unterschied von Mensch und Tier ganz nah. Dass die drei Löwinnen mit dem einen Mann zusammen sein konnten, ohne in eifersüchtige Streitereien zu verfallen, lag für Lacan einfach daran, dass Löwen keinen Begriff von der Zahl drei hätten, dass sie nicht im Stande wären, bis drei zu zählen. Aus heutiger Sicht ist das natürlich Unfug. Mittlerweile ist für viele Tierarten nachgewiesen, dass sie ein zahlenmäßiges Verhältnis zur Welt entwickeln und sehr wohl in der Lage sind, Individuen in ihrer Nähe zu unterscheiden. Was Lacan aber ganz richtig bemerkte, ist, dass Löwinnen untereinander ein egalitäres Verhalten zeigen. Sie jagen als einzige in Gruppen organisierte Katzenart gemeinsam koordiniert und sie versammeln ihre Kinder in Kindergärten. Ein Weibchen passt jeweils auf die Kleinen auf und säugt sie auch mit, unabhängig von der Mutterschaft. Von der berühmten Stutenbissigkeit, bei der eine Stute in der Hierarchie unter ihr stehende Stuten andauernd mit Bissen und anderen Signalen auf ihren Platz verweist, ist bei Löwinnen nichts zu sehen. Als man das, nicht nur für Löwinnen, durch Langzeitbeobachtungen wissenschaftlich belegen konnte, war das eine Sensation, widersprach es doch der allgemeinen Ansicht der europäischen Verhaltensforschung, nach der „die Disposition des Menschen, Rangordnungen auszubilden, auf Primatenerbe basiert" und Egalität nichts primär Natürliches sei. Angesichts des Verhaltens der Löwinnen war das Quatsch. Das heißt aber nicht, dass Löwinnen nicht streiten oder nicht miteinander in Konkurrenz treten. Gleichheit beschreibt in ihrem Fall das Resultat ihrer sozialen Interaktionen, nicht die Gleichförmigkeit der Individuen selbst.

Der Löwe, 1999

Jaguar – Jaguare essen Menschen, Menschen essen Affen: „Menschen sind die Affen der Jaguare." Die Sätze sind Beziehungsbeschreibungen aus der extrem komplizierten und situativ wandelbaren Kosmologie der Yawalapiti, eines Arawak-Volkes am Oberlauf des Xingu-Flusses im immer noch riesigen Amazonas-Regenwald. Im Denken der Yawalapiti ist der Jaguar so etwas wie das Gegenteil des Menschen, während Affen vielmehr das Gegenstück des Menschen sind. Der Jaguar ist die Quintessenz des Nicht-Menschlichen, der Herrscher über die Natur, von der sich die Menschen am Beginn der Zeiten losgelöst haben. Die Affen sind in dieser Kategorie Menschen, die in die Welt der Natur zurückgekehrt sind, in ein Reich, das von der Gestalt des Jaguars beherrscht wird.

Der Anthropologe Eduardo Viveiros de Castro, der zu Beginn seiner bei Turia + Kant auf deutsch erschienenen Monografie *Die Unbeständigkeit der wilden Seele* eine Skizze der Kosmologie der Yawalapiti liefert, beschreibt auch die Wandelbarkeit der Bestimmungen in dieser Kosmologie. So werden Affen in bestimmten Kontexten, insbesondere, wenn sie gejagt werden, als Menschen bezeichnet. Wobei die Metapher verhindert, dass sich die Affen vor den Menschen verstecken können. Viveiros sieht bei den ausgesprochen pazifistischen Xingu-Indigenen in der Tatsache, dass sie davon sprechen, Menschen jagen zu gehen, wenn sie Affen meinen, eine Form der Ironie. Entscheidend ist für Viveiros in diesem Fall aber, dass der Verzehr eines Affen die Menschen daran erinnert, dass sie von den Jaguaren wirklich verschieden sind. „Wir sind, was wir essen; aber wir sind auch das Gegenteil von dem, was wir essen – und diese Aussagen fallen beim Verzehr der Affen durch die Menschen zusammen", resümiert Viveiros diesen Teil der Kosmologie der Indigenen. Jaguare hingegen essen die Xingu nie, absolut nie. Umgekehrt gilt das allerdings auch.

Es gibt bis heute keinen dokumentierten Fall, der belegen könnte, dass ein Jaguar einen Menschen verzehrt hätte. Das wiegt um so schwerer, als ein Überfall eines Jaguars auf ein großes Beutetier wie einen Hirsch, einen Pekari oder ein Tapir in der Regel deutliche Spuren hinterlässt. Jaguare sind aufgrund ihres breiten Kopfes, ihrer kräftigen Kiefer und ihrer scharfen, langen Zähne in der Lage ihre Beute mit einem Biss durch den Schädel zu töten. Was sie dann auch mit Vorliebe

Elle Divine, 2024

etwas oberhalb der Ohren tun. Für Farmer, die mit ihren Rindern und Schweinen immer weiter in den „großen Wald", wie die Amazonasregion auch genannt wird, vordringen, sind die Zahnmale in den Schädeln getöteter Tiere ein untrügliches Zeichen der Anklage gegen Jaguare und den Wald. Jaguare können aber nicht nur die Schädel von Säugetieren durchbrechen, sie knacken auch Schildkrötenpanzer mit einem Biss. Manche der wenigen mit dem Leben der Jaguare befassten Forscher glauben, dass Schildkröten zur Hauptnahrung der Großkatzen gehören. Sicher sagen können aber auch die Kenner der Katzen nicht, wie sich die Ernährungsgewohnheiten eines Jaguars im Detail gestalten. Und das hängt damit zusammen, dass man Jaguare unfassbar schwer fangen kann, um ihnen das Halsband mit dem Sender anzulegen, der ihre Bewegungen im Minutentakt an ein Forschungslabor funken könnte. Jaguare zählen dadurch zu den letzten Big-Data-Verweigerern im Tierreich. So weiß man immer noch nicht, wo sie wie lange schlafen. Sicher ist nur, dass sie sich gern an Flussufer begeben, wo sie neben Schildkröten auch Kaimane, Fische und Wasserschweine jagen oder in der Sonne am Ufer ruhen. Als Aufenthaltsort bevorzugen sie aber tags wie nachts dichte Wälder, in denen sie sich fast lautlos bewegen. Als typische Lauerjäger sitzen oder liegen sie an geeigneten Plätzen und warten bis ihre Beute vorbeikommt, um sie dann mit einem schnellen Sprung zu überwältigen. Jaguare durchstreifen ihre weitläufigen Reviere als strikte Einzelgänger. Sie treffen nur zur Paarungszeit auf andere Jaguare und gehen sich ansonsten aus dem Weg. In seltenen Fällen kümmern sich allerdings beide Eltern um die blind geborenen zwei Jungen.

Zu befürchten haben sie im Wald wenig. Außer dem Menschen kann in Südamerika niemand einen erwachsenen Jaguar überwältigen. Land-, Forst- und Rohstoffwirtschaft haben aber in den letzten Jahrzehnten bereits über 50 Prozent ihres Lebensraumes zerstört. Der brasilianische Ex-Präsident Bolsonaro hatte bereits in seinem Wahlkampf 2018 mehrfach laut gesagt, dass in seiner Amtszeit kein Quadratmeter Schutzgebiet übrig bleiben werde. Für den Wald, die Jaguare und für Forscher wie Viveiros, der immer wieder Morddrohungen erhielt, nachdem er seine Arbeit mit den Indigenen in Amazonien begonnen hatte, bedeutete das nichts Gutes.

Lianen (Yage) – Man kann nicht sagen, dass William S. Burroughs auf seiner Reise durch Mittel- und Südamerika viel erreicht hatte, als er am 28. Februar 1953 aus Kolumbien einen Zustandsbericht an Allen Ginsberg schickte. „Wurde von Medizinmännern gelinkt (der schlimmste Säufer, Lügner und Penner in jedem Dorf ist unweigerlich der Medizinmann), von der Polente eingesperrt und von einem lokalen Strichjungen ausgenommen", schrieb er und präzisierte: „Ich bildete mir ein, ich hätte einen unschuldigen Hinterwäldler auf der Matratze, dabei hatte es der Kerl bereits mit sechs amerikanischen Ölmännern getrieben, einem schwedischen Botaniker, einem holländischen Ethnographen, einem Kapuzinerpater, den sie am Ort ‚die Mutter Oberin' nennen, einem bolivianischen Trotzkisten auf der Flucht, und den Rest besorgten ihm die Kakao-Kommission und Point Four gemeinsam."

Flyer Ayahuasca, 2024

Burroughs war auf der Suche nach Yage, einem halluzinogenen Trank, der in weiten Teilen Amazoniens unter verschiedenen einheimischen Namen bekannt ist: in Ecuador und Peru heißt er *Ayahuasca*, am mittleren Amazonas *Caapi* und *Yage* in Kolumbien. Der Yagetrank wird aus den wilden Lianen der Gattung *Banisteriopsis* gebraut. Viele der indigenen Gesellschaften Amazoniens haben mehrere Arten der Gattung wie *Banisteriopsis caapi* und *Banisteriopsis rusbyana* an die Bedingungen ihre Dschungelgärten gewöhnt, so dass Schamanen und diejenigen,

„die sich gelegentlich in den normalerweise unsichtbaren Teil der Welt versetzen lassen möchten“, wie der Ethnologe Philippe Descola in seiner Forschungserzählung *Leben und Sterben in Amazonien* schreibt, regelmäßig darüber verfügen können.

In den Gesellschaften im großen Wald, wie die Indigenen Amazonien nennen, ist das Rezept Allgemeingut: die Lianen werden in Stücke geschnitten, mit einem Stampfer bearbeitet und vorsichtig am Boden eines Kochtopfs aufgeschichtet. Dann gibt man Blätter einer anderen Lianenart hinzu und bedeckt alles mit einer zweiten Schicht gestampfter Lianenstücke, und lässt das Ganze mindestens drei Stunden auf kleinem Feuer köcheln, bis ein zähflüssiger bräunlicher Saft entsteht.

In die Zonen der allgemeinen Bekanntheit des Yagerezepts war Burroughs allerdings nicht vorgedrungen. Er hatte es nur bis an die Ränder des großen Waldes geschafft, bis in jene Dörfer, Hütten- und Barackensiedlungen, in denen es keinen gab, „der auch nur eine blasse Ahnung vom Dschungel hat(te)“, wobei ein Wissen zu den Gegebenheiten des Dschungels die Ölsucher, Baumfäller und Mitarbeiter der amerikanischen Entwicklungsorganisation der 1950er Jahre, *Point Four* genannt, auch nur behindert hätte. Denn sie waren nicht gekommen, um den Regenwald zu verstehen, sondern um aus ihm Öl, Holz und alles, was in Geld verwandelt werden konnte, herauszuholen. Erstaunlich ist aber, wie wenig sich an der Verkommenheit der Verhältnisse in den Grenzsiedlungen an den Rändern des Waldes geändert hat, seit Burroughs mit dem Blick eines amerikanischen Zivilisations-Ethnographen die Verhältnisse teilnehmend beschreiben hatte.

Sign for a Drug Cartel, 2024

Als sich Philippe Descola drei Jahrzehnte nach William S. Burroughs von Paris aus aufmachte, um mit den Achuar-Indigenen im Amazonasbecken in der Grenzregion zwischen Ecuador und Peru zu leben, machte er an der sogenannten Grenze der Zivilisation vergleichbare Erfahrungen.

„Zu chaotisch, um die Neugierde lange zu binden, und zu verfälscht, um Sympathie zu wecken, zeigen diese Wellblechstädte ein heruntergekommenes Bild der Welten, deren Konfrontation sie organisieren, eine Mischung aus ferner Sehnsucht nach einer längst vergessenen europäischen Kultur und trägen Vorurteilen gegenüber dem Unbekannten, das doch in greifbarer Nähe liegt“, heißt es in einem der vielen eindringlichen Sätze in Descolas Meisterwerk *Jenseits von Natur und Kultur*, das 2005 im französischen Original erschienen ist. Wobei Descola die Nachwirkungen der alt gewordenen Kultur Europas auch im Wald bei den Achuar immer wieder einholen. Weil er aber wie Burroughs ein Meister der kalten Selbstbeobachtung ist, geraten ihm diese Kulturkonflikte regelmäßig zur nicht peinlichen Selbstdekonstruktion.

Das alte Europa meldet sich bei Descola mit seinem falschen Stolz genau in dem Moment, in dem ihn ein älterer, immer schlagfertiger und witziger werdender Schamane der Achuar in den Yagetrunk einweihen will. Der Schamane misstraut allen weißen Menschen, wenn es darum geht, die Kraft von Yage auszuhalten, weil er zu viele christliche Missionare, die ganz Amazonien mit den Kleinflugzeugen ihrer Sekten ablanden, den gröbsten Unfug über die Droge hat reden hören. Descola, der nicht umsonst um 1968 in Paris studiert hat und einer Ethnologenschule angehörte, die LSD sozusagen in ihr Propädeutikum aufgenommen hatte, schreckte nicht davor zurück, den Schamanen der Selbstverständlichkeit halluzinogener Praktiken in seiner Heimat zu versichern. Der Schamane nahm es skeptisch hin und trank trotzdem mit ihm den äußerst bitteren Yagesaft, der wegen der Bitterkeit zuerst allgemein eine heftige Übelkeit erzeugt, die man überwinden muss, um in die nie gesehenen Welten zu gelangen: in denen sich vor klarem Nachtleuchten phosphoreszierende Kreise verdoppeln und in dauernder kaleidoskopischer Veränderung bunte blumige glühende Figuren bilden.

Boa Constrictor – Charles Dickens *was not amused*. Nachdem der Londoner Zoo 1849 ein Reptilienhaus – weltweit das erste seiner Art – eröffnet hatte, entwickelte sich die jeden Freitag stattfindende Fütterung schnell zu einer Attraktion. Auch vor den Augen von Kindern wurden der Boa Constrictor weiße Mäuse und Kaninchen vorgesetzt, die sie, erst scheinbar reglos, dann in einer wahnsinnig schnellen Bewegung mit ihrem Körper umschlang, um die Tiere dann, wenn sie den Stresstod erlitten hatten, seelenruhig zu verschlingen. Charles Dickens und einige andere Londoner Bürger waren über das Spektakel so entsetzt, dass sie die *Times* mit einer Flut von Briefen überschütteten.

In der darauf einsetzenden Debatte siegten dann aber jene, die meinten, dass es etwas heuchlerisch sei, wenn sich Menschen über Räuber in der Natur beklagten, während sie sich selbst am Fleisch von Tieren mästeten. Und für die Mitfühlenden unter den Lesern wusste ein Autor dann auch zu berichten, dass die kleinen Opfer überhaupt nicht verängstigt seien durch das Bevorstehen ihres schmerzlosen Todes. Das war zwar schon damals gelogen, denn der Tod durch einen Kreislaufzusammenbruch, den der drückende Schlangenkörper bewirkt, ist bestimmt nicht schmerzfrei. Jedenfalls wurden als Folge der Aufregung die weißen Mäuse durch graubraune Hausmäuse ersetzt, die Fütterungen ansonsten aber fortgeführt. Leider hatten die Hausmäuse, weil sie noch nicht so überzüchtet waren wie ihre weißen Artgenossen, die Eigenart, sich, wenn sie nicht gleich gefressen wurden, durch die Holzwände zu nagen und dadurch Kobras und Vipern, die in benachbarten Gehegen untergebracht waren, Fluchtwege zu eröffnen.

Auch wenn danach wieder weiße Mäuse verfüttert wurden, machte der Schauer, den die Geschichte von den entflohenen Schlangen freigesetzt hatte, den Zoo mit seinem Reptilienhaus nur noch attraktiver. Das galt auch für den Vorfall um den allerersten Schlangenwärter Edward Horatio Girling im Jahr 1852. Girling hatte sinnlos betrunken eine Kobra in die Hand genommen und genauso sinnlos angefangen, sie durch die Luft zu schwenken, bis das Tier ihn verständlicherweise biss und er kurz darauf dem Gift der Schlange erlag. Während sich Charles Dickens an der darauffolgenden Debatte über die Trinkgewohnheiten der arbeitenden Klasse nicht mehr beteiligte, hatte der Zoo sein eigenes Sensationskarussell so erfolgreich in Gang gesetzt, dass es sich mit immer weiter steigenden Besucherzahlen bis heute dreht.

Die Boa Constrictor war aber auch zu schön. Sie war größer und dicker als alles, was die gebildeten Stände bis dahin gesehen hatten, beispielsweise auf Nicolas Poussins Gemälde *Landschaft mit einem von einer Schlange getöteten Mann* von 1639. Dazu war sie auch noch wunderschön gefärbt, mit abgesetzten, dunkel umrahmten Sattelflecken auf dem Rücken.

Attic Find, 2023

Abhängig vom Lebensraum in ihrem großen Verbreitungsgebiet von Nordmexiko bis nach Argentinien, kann die gut strukturierte Haut der Boa Constrictor in ihrer Grundfarbe stark variieren. Boas können rot, braun, weiß oder fast schwarz sein und dazu haben sie noch die Fähigkeit, ihre Färbung den Lichtverhältnissen anzupassen. Im Schatten werden sie dunkler, in der Sonne heller. Bei einer Länge von bis zu drei Metern ergibt das sehr viel feines Leder, das die Modeindustrie bis heute für Schuhe, Taschen und Jacketts von der Boa, wie auch von der Python, bezieht.

Auch wenn heute die meisten Boas aus Zuchtfarmen kommen, bleibt trotzdem die Jagd auf ihre Haut und ihr gut schmeckendes Fleisch die größte Gefahr für ihren Bestand. Weil Boas zudem noch sehr dankbare Haustiere sein können, die intensive und freundschaftliche Beziehungen zu ihren Haltern entwickeln und deren Haus von unerwünschten Nagetieren freihalten, werden sie auch weiter gefangen, wo man sie zu fassen kriegt. Ihre Freundschaftsfähigkeit lässt allerdings den Schluss zu, dass sie im Freiland tatsächlich auch ein Sozialleben entfalten, um das man sie in Gefangenschaft immer betrügt. Nur detaillierte Untersuchungen im Freiland könnten diese Wissenslücke schließen. Die gibt es aber nicht. Alles, was man über die Boa Constrictor weiß, ist Wissen aus der Gefangenschaft. Es stammt aus Zoos und Privathaltungen oder ist anekdotisch. Eine dieser Anekdoten berichtet glaubhaft davon, dass Boas auch Virginiahirsche, die größer als sie selbst sind, verschlingen können und selbst dann noch weiter verdauen, wenn deren Geweih ihre Körperwand bereits durchbohrt hat.

Gabelbock – Zähmen, züchten und domestizieren sind drei sehr verschiedene Vorgänge. Während sich fast alle Tiere zähmen lassen, sind es zwar immer noch viele Tiere, die sich züchten lassen, aber schon erheblich weniger. Domestizieren, also von Menschen in Richtung von Menschen gewünschter Merkmale verändern, lassen sich hingegen nur die allerwenigsten Arten. Der Biologe Jared Diamond hat in seiner großen Studie *Guns, Germs and Steel*, auf deutsch schlichter unter dem Titel *Arm und Reich* erschienen, die unterschiedlichen Entwicklungen der Reichtumsverteilung zwischen den Kontinenten unter anderem auf das jeweilige Vorhandensein von Domestikationskandidaten unter den Pflanzen und Tieren zurückgeführt. Diamond fand dabei heraus, dass allein 13 der 14 großen domestizierten Säugetiere wie Schaf, Ziege, Schwein, Kuh und Pferd auf dem eurasischen Kontinent domestiziert wurden, während in Amerika nur Lama und Alpaka zu Wollfabrikanten verändert wurden, in Afrika aber kein größeres Säugetier domestiziert werden konnte.

Dabei bleiben die Gründe, warum sich Arten zwar zähmen, aber nicht züchten lassen, oft im Dunkeln. Als ein Paradebeispiel können die Gabelböcke (*Antilocapra americana*) dienen. Gabelböcke sind die letzten Überlebenden einer einst in Amerika formenreichen Wiederkäuergruppe, die in den Prärien lebte. Als die europäischen Siedler begannen, in die Grassteppen vorzudringen, trafen sie Gabelbockherden so zahlreich an wie die berühmten Bisonherden. Dass sie trotzdem kaum jemand kennt, hängt wahrscheinlich damit zusammen, dass sie sich schlechter filmen lassen als Bisons, oder weil sie wie die afroamerikanischen Cowboys durch das John-Wayne-Raster Hollywoods fielen.

Hinzu kommt, dass Gabelböcke ungern in Zoos leben und sich dort nur äußerst selten fortpflanzen. Das überrascht, weil sich die Tiere leicht zähmen lassen, sehr anhänglich werden können und aufgrund ihrer Neugierde die europäischen Siedler freundlich begrüßten,

Family Archive, 2023

eine Eigenschaft, die die Gabelböcke zur millionenfach leichten Beute machte und ihre Bestände in den 1920er an den Rand des Aussterbens brachte. Dass Gabelböcke heute als eines der Beispiele für einen gelungenen Artenschutz gelten, hatte dabei auch mit ihrer Beweglichkeit zu tun. Sie gehören zu den schnellsten Säugetieren überhaupt und können nicht einmal von Slughi-Windhunden eingeholt werden. Sie kommen mit Zäunen besser zurecht als Bisons, auch weil sie nie versuchen, sie zu überspringen oder umzurennen, sondern sich immer unter ihnen hindurch zwingen. Zum Vorteil wird ihnen heute auch, dass sie schon immer mit unvorhersagbaren eisigen Schneestürmen und zerstörerischen Präriebränden zu kämpfen hatten, was nicht nur ihre Lebensweise, sondern auch ihre Sozialsysteme beweglich machte. Gabelböcke sind kurzlebige, früh geschlechtsreife und fruchtbare Wiederkäuer, die lange Strecken wandern können und Veränderungen ihrer Umwelt großzügig hinnehmen. Sie gewöhnen sich schnell an Flugzeuglärm und tolerieren auch das Übungsschießen von Panzern in der Prärie. Kompliziert sind sie nur während der Paarung. Zumindest die alten Böcke ziehen sich dazu gern in entlegene Schluchten zurück, die nicht jeder Gabelbock kennt und wo sie sich sonst nie aufhalten. Auch die Weibchen scheinen solche Orte zu mögen, denn der Bock mit den meisten Verstecken bekommt auch am häufigsten Gelegenheit zur Paarung.

Dabei ist die Konkurrenz um die Weibchen keine Kampfkonkurrenz wie bei Hirschen. Gabelböcke, die nach der Brunft die gegabelten Hornscheiden ihrer Hörner abwerfen und sich habituell im Verhalten fast komplett den Weibchen angleichen, sind eher Meister eines feinen Spiels um die Herausstellung von Alter, Erfahrung und Ortskenntnis. Konkurrenz gibt es natürlich trotzdem und sie beginnt bei Gabelböcken früh. Die Weibchen gebären in der Regel zwei Junge. In ihre Gebärmutter nisten sich meistens vier bis sechs Embryonen ein, aus deren Embryonalhüllen lange Vorsprünge wachsen, mit denen sie die Hüllen anderer Embryonen durchstechen und sie so töten können.

Klapperschlangen – Ein Schriftsteller, der lieber über Klapperschlangen oder Ludwig Wittgenstein spricht als über sich und sein Werk, kann kein schlechter Mensch sein. Cormac McCarthy, der im Juni 2023 im Alter von 89 Jahren gestorben ist, mochte zwar alle Klapperschlangen, redete aber besonders gern über Mojave-Klapperschlangen.

Das hatte auch mit ihrem Lebensraum zu tun. Mojave-Klapperschlangen leben in den Savannen, Steppen, Wüsten und Halbwüsten im Südwesten der Vereinigten Staaten und Mexikos. Und diese trockenen bis lebensfeindlichen Regionen vor allem in Texas und Arizona im Grenzgebiet zwischen Mexiko und den Vereinigten Staaten waren jene Landschaften, zu deren Autor McCarthy wurde, wie sein großes Vorbild Herman Melville zum Autor des Meeres geworden war.

In diesen Landschaften, in denen der Tod der tägliche Begleiter des Elends flüchtender Menschen ist, hatte McCarthy in den Klapperschlangen Lebewesen entdeckt, die andauernd zwischen Flucht und Angriff variieren. Klapperschlangen müssen, wie alle wechselwarmen Tiere, ständig darauf achten, ihre Energiereserven zu schonen und sich nicht unnötig zu verausgaben. Wobei es eben nicht ausreicht, beispielsweise der Hitze auszuweichen, in dem die Aktivitätsphasen in die Nacht verlegt werden. Neben einer genauen Kenntnis ihrer Umgebung und der Lebensweise ihrer Beutetiere müssen die Tiere auch so

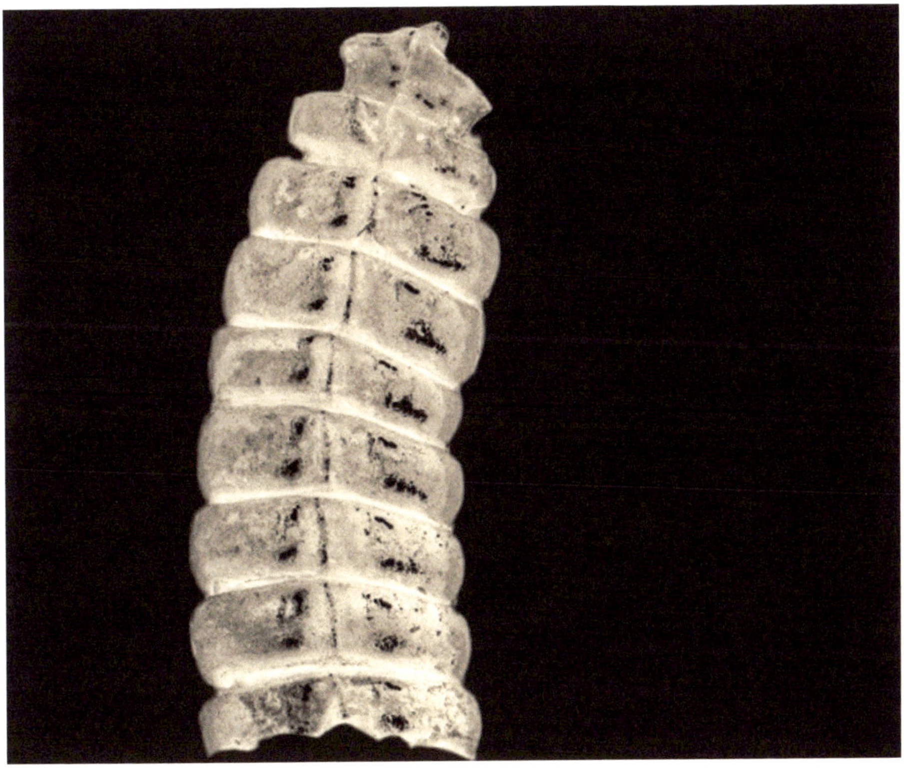

Chrysler, 2024

etwas wie eine Ahnung davon entwickeln, ob die Beute knapp und die Sonne zu heiß brennen wird. Die Wüstenklapperschlangen haben so eine Ahnung wohl nicht nur für den Winter, sondern auch für den Sommer entwickelt und verfallen dann in eine Art Sommerschlaf. Was bei Arten wie Texas-, Schwarzschwanz- und Mojave-Klapperschlangen insofern auch leichtfällt, als dass ein gefangenes und verschlungenes Kaninchen bereits fast ein Drittel des jährlichen Bedarfs deckt.
Wie neuere Forschungsergebnisse nahelegen, scheinen die Schlangen ihren Zustand und ihre Motivation, ob sie also besonders warm und hungrig oder bloß träge und halb satt sind, auch zu kommunizieren, und zwar durch ihr Rasseln. Hatte man das Rasseln, das durch ineinandergreifende Hornringe am Schwanzende erzeugt wird, bisher als ein Geräusch interpretiert, das einzig zur Verteidigung und Warnung dient, werden ihm jetzt, seit Menschen ihnen genauer zuhören, auch andere Funktionen zugeschrieben. Beutetiere der Schlangen wie Erdhörnchen wussten zwar schon länger, dass man an der Frequenz des Rasselns auch die Gefahr ablesen kann, die von einer Schlange ausgeht und kümmerten sich um langsam rasselnde Schlangen kaum, während sie vor schnell getakteten Tönen davonrannten.

Für Forscher bedeutend war aber vor allem die Erkenntnis, dass sie mit der gesteigerten Frequenz ihres Rasselns auch die Identifikation ihres Standorts soweit erschweren, dass es kaum mehr gelingt, die Quelle des Geräusches zu orten. Interessant ist das, weil es zeigt, wie ein Geräusch, das ursprünglich wahrscheinlich nur als Warnung entstanden war, um zu verhindern, dass zum Beispiel ein Bison aus Versehen auf die Schlange tritt, sich in Richtung spezifischerer Fressfeinde wie Luchse, Füchse, Kojoten und Haushunde entwickelt hat.

Für die Deutung des Rasselns auch als Anzeiger innerer Zustände spricht die Tatsache, dass schwangere Klapperschlangen kurz vor der Geburt der Jungen hochfrequenter rasseln. Klapperschlangen bringen ihre Jungen lebend in ihren Schlafhöhlen oder geschützten Gruben zur Welt. Dabei kümmern sich die Mütter über Wochen um die Jungen und kooperieren auch mit anderen Müttern in einem dann hochsozial entwickelten Betreuungssystem, was das Denken über die sozialen Kompetenzen von Schlangen dahingehend verändert hat, dass man sie zunehmend mit Säugetieren vergleicht.

Kojote – Der erste Kojote, den ich in meinem Leben sah, lag überfahren an einem Straßenrand in Südtexas, aber schon der zweite kam mir am helllichten Tag quicklebendig in einer Einkaufsstraße auf South Padre Island entgegen. South Padre Island, vor der texanischen Küste im Golf von Mexiko gelegen, ist während der Zugvogelzeiten ein Hotspot der Artenvielfalt und dementsprechend versammeln sich hier alljährlich Vogelbeobachter aus allen Teilen der USA. Und durch eine Gruppe dieser „Birder" schritt der Kojote, ohne dass das groß Aufsehen erregt hätte. Kojoten sind in den USA an vielen Orten mittlerweile zu ständigen Städtebewohnern geworden. Das ist so erstaunlich wie erfreulich, weil es alles andere als vorhersehbar war.

Von den Indigenen verehrt und in den Stand einer agilen, wandlungsfähigen Gottheit erhoben, fiel er nach der Ankunft der Weißen tief. Dem weißen Mann war die hervorragende Anpassungsfähigkeit des Kojoten kein Grund zur Freude. Der Kojote war ihm zur Plage geworden. Er sah im Kojoten nicht mehr die Verkörperung von Erfindungsgeist wie die Indigenen, er deutete ihn um vom „Gott" zum „Trickster". Und tatsächlich verhält sich der Kojote seitdem gegenüber dem weißen Mann wie ein „Trickster".

Kojoten haben in den USA ständig neue Lebensräume erobert und ihre Bestandszahlen kontinuierlich vergrößert. Bemerkenswert ist das, weil man in Amerika wirklich nichts unversucht ließ, den Kojoten zu erledigen. Man stellte ihm – und tut es teilweise noch heute – mit Gift nach, versuchte ihn aus Flugzeugen abzuschießen oder erschlug seine Jungen.

Das war auch die Lage als Joseph Beuys im Mai 1974 in die USA reiste. Der „Kojotenkomplex" galt Beuys als ein Fall, in dem sich die „unbewältigte Vergangenheit gegen die Indianer fortsetzt". Auch aus diesem Grund wollte Beuys während seiner Reise „nichts anderes sehen von Amerika als den Kojoten". Während der Aktion *Coyote: I like America and America likes me* in der New Yorker Galerie René Block lebte Beuys eine Woche lang mit einem Kojoten. Und Little John, so hieß er, war ein dankbarer Partner. Auf die mitgebrachten Gegenstände des Künstlers reagierte er nach Kojotenart. Taschenlampe, Filz, Spazierstock, Handschuhe und die täglich neu in den Raum gelegten fünfzig Exemplare des *Wall Street Journal* wurden berochen, manchmal gedreht und mit Urin markiert. Beuys' Lauflinien waren während der Aktion immer auf den Kojoten gerichtet. Dabei wurde das Tier manchmal verrückt vor Erregung. „Boshaft, heimtückisch und verschlagen, verspielt bis zur Aggression, er sprang den Stock an, zerfleischte den Filz, zerfetzte ihn zu kleinen Flocken, die den abfallenden Büscheln seines eigenen Felles glichen", schreibt die Kunstkritikerin Caroline Tisdell über die heftigeren Momente der Performance. In den ruhigeren Zeiten lagen sie oft nur da. Der Kojote am liebsten auf einem Filzhaufen und Beuys in der Ecke im Stroh. Nur wenn der Künstler rauchte, fand auch Little John gefallen am Stroh und legte sich neben ihn. Wie Beuys hinterher bemerkte, hätten die beiden Akteure ihre Rollen manchmal urplötzlich getauscht, ohne dass einer der beiden zu bleibender Dominanz gelangt wäre. „Es lief gut. Wahrscheinlich hatte ich die ‚geistige Lage' richtig eingeschätzt...ich hatte einen wirklich guten Kontakt zu ihm." Und nicht nur das. Beuys hatte über die mythischen und politischen Konnotationen hinaus auch in biologischer Hinsicht das „treffende" Tier ausgewählt.

Der Kojote nimmt in der Familie der Hunde eine Zwischenstellung ein. Kojoten leben im Unterschied zu den Wölfen, die in Rudeln leben und zu den Füchsen, die Einzelgänger sind, in Zweierbeziehungen mit oft dauerhafter Bindung. Für einen Dialog zwischen zwei Gattungen,

wie ihn Beuys anstrebte, war der Kojote also von Natur aus präadaptiert. Zu zweit sind Kojoten gern, größere Gruppen bilden sie nie. Sie sind nicht in der Lage, längere Bindungen zu mehreren aufzubauen, was schon in der frühen Kindheit zu aggressiven Tendenzen gegenüber Artgenossen führt. Bereits im Alter von fünf Monaten, werden die Jungen ungeduldig und wollen eigentlich nur die Familie verlassen. Auf ihren weiten Wanderungen aus der Nähe der Geburtsfamilie werden unerfahrenen Jungtiere häufig zu einer leichten Beute größerer Raubtiere oder werden legal von menschlichen Jägern mit fiesen Methoden getötet.

Beuys' Aktion fiel in eine Zeit, in der sich der Blick auf die Tiere zu ändern begann, auch als Folge des im Jahr 1973 an drei Verhaltensbiologen – Tinbergen, von Frisch und Lorenz – verliehenen Nobelpreises für Physiologie oder Medizin. Beuys war nicht sentimental: Nach einer Woche ließ er sich in Filz wickeln und in einem Krankenwagen zum Kennedy Airport bringen, um zurück nach Europa zu fliegen. Er verließ Little John ohne auf die Reaktion des Kojoten zu sehen. „Als Little John sich plötzlich allein in Gegenwart der Menschen fand, verhielt er sich zum ersten Mal wie ein gefangenes Tier, schweifte mit Wolfsschwüngen auf und ab, hin und her, schnüffelnd, nachsuchend und winselnd. Der Geruch von Angst färbte die Luft."

Collective Memory, 2024

Pekaris – Er sei Anthropologe und kein Schweinologe, äußerte Eduardo Viveiros de Castro als er Überlegungen zur Bedeutung der Tiere in den Mythen der Indigenen Amazoniens anstellte. Dabei ging es Viveiros um die Frage, was es für die Gesellschaften und den Geist der Indigenen bedeutete, wenn sie davon sprachen, dass Pekaris, die Nabelschweine Amerikas, die unseren Schweinen ähnlich sind, Menschen seien. Viveiros Antwort enthält einen doppelten Grund. Zum einen verweist die Behauptung, dass Pekaris Menschen seien, auf die allgemeine, wenn auch wenig beachtete Tatsache, dass die Differenzierung der Menschen von den Tieren in den Mythen Amazoniens wesentlich anders ausfällt als in unserer modernen evolutionistischen Erzählung, nach der sich die Menschen von einem tierischen Ausgangspunkt entwickelt haben. In den indigenen Mythen dagegen ist der ursprüngliche Zustand, den die Menschen und die Tiere teilten, nicht die Animalität, sondern die Menschlichkeit. Alle Tiere waren Menschen. Die Indigenen sprechen aber nur die Pekaris situativ unabhängig als Menschen an. Daraus folgern Anthropologen wie Viveiros, dass die Indigenen Pekaris nicht als Organismen der Natur ansehen, sondern als Akteure oder Subjekte der Gesellschaft. Die Gesellschaften Amazoniens sehen genau deshalb keinen Grund, Worte wie „Person" oder „Leute" bloß auf die eigene Art zu beschränken. Es gibt in den Welten des Amazonasbeckens also mehr Personen zwischen Himmel und Erde, als es sich unsere Anthropologien, nach der nur Menschen als Menschen gelten, träumen lassen.

Viveiros selbst ist in seinen Überlegungen zum Mensch-Tier-Komplex in Amazonien gegenüber den Schweinologen, also den Verhaltensforschern, die in der Beobachtung von Schweinen ausgebildet sind, so respektvoll, dass er sich auch die kleinste Anekdote vom Verhalten der Pekaris verbietet. Dabei wird er zumindest eine ihrer Verhaltensweisen während seiner Aufenthalte in den Dörfern Amazoniens am eigenen Leib erfahren haben. Junge Pekaris lieben es, sich auf ruhende Erwachsene zu legen und dabei mit einem Gesichtsausdruck einzuschlafen, den man nur als strahlend bezeichnen kann. Und es sind vor allem junge Pekaris, die gezähmt in den Siedlungen Amazoniens leben, in den Hütten ein- und ausgehen und sich dabei nicht selten zu den Menschen ins Bett legen.

Die Beziehungen zwischen Menschen und Pekaris waren in Amerika von Anfang an intensiv und ambivalent. So werden die scharfen oberen und unteren Eckzähne der Pekaris, die ineinandergreifen und sich so gegenseitig scharf schleifen, bis heute von Menschen als Messer benutzt. Doch auch im Gebiss der Pekaris sind sie herausragende Waffen, die von den hochsozialen Tieren sehr koordiniert gegen Feinde eingesetzt werden können, was die Jagd auf sie nicht nur für Menschen zum Risiko macht.

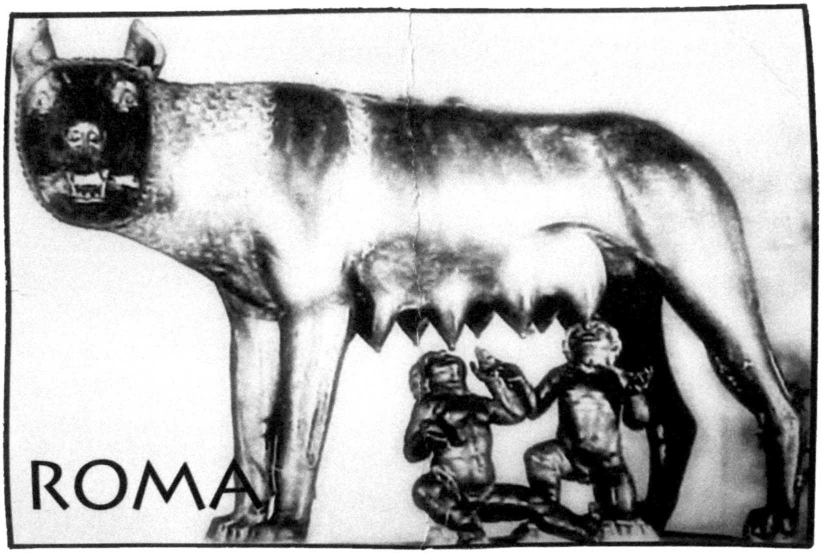


Pekari's Dream, 2024

Von den drei Arten, die von den Waldregionen Südamerikas bis nach Texas und Arizona vorkommen, sind besonders zwei Arten – die Weißbart- und Halsbandpekaris – in ihrem Sozialverhalten einigermaßen bekannt und verstanden, was vor allem damit zu tun hat, dass sie sich in Zoos halten lassen.

Weißbartpekaris durchstreifen in gemischten Gruppen von bis zu dreihundert Tieren die Regenwälder Lateinamerikas. Der hohe Futterbedarf der Herden bedingt ihre nomadische Lebensweise. Den Zusammenhalt der Gruppe sichern im Wald verschiedene Signale. So brummen Weißbartpekaris ständig hörbare Kontaktlaute vor sich hin, auch im Zoo. Sollten die Rufe mal verweht werden oder nicht durchs Dickicht dringen, können sie sich immer noch auf ihren gruppentypischen Geruch verlassen. Die Rückendrüse der Pekaris sondert einen starken Duft ab, den sie durch gegenseitiges Drüsenreiben erzeugen. In Verbindung mit ihrem Gebiss macht sie der Zusammenhalt fast unverwundbar. Und wenn sie doch einmal auf Pumas oder Jaguare treffen, denen sie sich nicht gewachsen fühlen, stellen sich ein oder zwei Jungerwachsene den Angreifern entgegen, während der Rest der Gruppe flieht.

Daraus spricht ein Gemeinsinn, der bei Halsbandpekaris auch durch ein Ammensystem zum Ausdruck kommt, das unter Wildsäugetieren sehr selten ist. Mütter gestatten es schon kurz nach der Geburt ihren älteren, noch nicht geschlechtsreifen Töchtern, die sofort bewegungsfähigen Neugeborenen zu kontaktieren. Und sie helfen nicht nur, sondern säugen sie auch.

Tiger – Manchmal ist es einfach ein Wort der unsicheren Vorsicht, das mehr Wahrheit und Wirklichkeit in sich trägt als alle entschiedenen Behauptungen der Meinungs- und Wissensträger einer bestimmten Zeit zusammengenommen. Dafür kann exemplarisch das Motto gelten, mit dem der französische Regisseur Jean-Pierre Melville 1967 seinen Gangsterfilm *Le samourai* einleitete, der hierzulande unter dem Titel *Der eiskalte Engel* in die Kinos kam. Es gebe keine größere Einsamkeit als die eines Samurai, „außer vielleicht die eines Tigers im Dschungel“, hatte Melville zu Beginn seines Films die Zuschauer wissen lassen und mit dem zurückhaltenden „vielleicht“ immerhin die Möglichkeit offengelassen, dass die Tiger im Dschungel gar nicht so einsam sind wie die legendär wortkargen Samurai.

Und tatsächlich verfügen Tiger über ein Lautrepertoire von mehr als dreißig verschiedenen Rufen, die, wenn sie auch noch „frei“ kombiniert oder kontextabhängig eingesetzt werden, ein Ausdrucksvermögen bereitstellen, das kein Einzelgänger im Reich der Tiere aufweisen kann. Bären zum Beispiel, die wirklich Einzelgänger sind, haben nicht mehr als drei Laute zur Verfügung.

Advertising for Slacks, 2024

Die Entdeckung und genaue Beschreibung des Lautvermögens der Tiger in den letzten Jahren war dann auch eine Überraschung in der Zoologie der großen Landsäugetiere, die das Bild dieser Tierart zumindest unter Tigerfreunden radikal verändert hat. So war es ein anderer französischer Regisseur, Jean-Jacques Annaud, der in seinem 2004 erschienenen Epos *Zwei Brüder* die neu entdeckte soziale Potenz der Tiger in laufende Bilder zu übersetzen versuchte. Annaud zeigte in diesem Film nicht nur den komplexen Aufbau und die variantenreiche Kombinatorik der Tigerlaute, er erzählte auch die Geschichte der langanhaltenden Fehlinterpretation der Tiere. Über Jahrhunderte waren Berichte über die Lebensweise und das Verhalten von Tigern fast ausschließlich von europäischen Jägern verfasst worden, die Tigern meistens dann begegnet waren, wenn diese auch gerade jagten. Und als Jäger sind Tiger Einzelgänger, sie jagen nie in Gemeinschaft. Viel Zeit verbringen sie damit, nach Beutetieren Ausschau zu halten. Haben sie eines erspäht, beginnt für sie der mühselige Prozess der Jagd. Nur etwa jede zehnte Verfolgung führt zum Erfolg. Gute Chancen haben sie, wenn sie es schaffen, Hirsche oder Wildschweine ins Wasser zu treiben. Als ausgezeichnete Schwimmer sind sie hier im Vorteil. Da sie im Gegensatz zu Hunden und Hyänen scharfe ausfahrbare Krallen haben, können sie ihre Beute anspringen, festhalten und dann entweder erwürgen oder mit gezieltem Einsatz der Eckzähne das Genick brechen. Aus den oft frustrierend erfolglosen Jagden lernen sie mit der Zeit. Sie fressen nicht alles auf einmal und legen in den Revieren Vorratskammern an, die sie oft nicht nur privilegiert nutzen. Zumindest unter Tigerinnen scheint es häufig vorzukommen, dass mehrere von den Vorräten fressen und sich beim Kümmern um ihre Jungen helfen. Inwieweit es dabei zu Arbeitsteilungen kommt, wie es unter Löwinnen üblich ist, indem eine Mutter auf die Jungen aufpasst, während eine andere jagt, weiß man nicht und es wird nicht leichter werden, die entsprechenden Beobachtungen im sogenannten „Freiland“ zu machen. Denn auch wenn sich die Zahl der freilebenden Tiger seit ihrer fast kompletten Vernichtung in den 1950er Jahren wieder auf 3900 Individuen erhöht hat, da die internationalen Kampagnen und nationalen Schutzmaßnahmen in Indien und auch in der alten Sowjetunion Wirksamkeit gezeigt haben, bleibt die Situation prekär.

Durch fortgesetzte Lebensraumzerstörungen, an denen auch Naturschutzgebiete nichts ändern, wenn sie – wie in den letzten Jahren von Brasilien über Russland bis nach Polen geschehen, durch die Berufung von Landwirtschafts- oder Forstminister, die der Holzindustrie nahestehen – in Frage gestellt werden, ist ihre Existenz weiterhin und wieder zunehmend bedroht.

Aber auch ohne die hemmungslose Ausbeutung von Wäldern und Sümpfen verweisen die Tigerschutzkampagnen auf ein allgemeines Problem im Artenschutz, nämlich den Fetischismus des Seltenseins. Schützenswert werden Arten demnach immer nur dann, wenn es sie kaum noch gibt. Im besten Fall führt das, wie bei der aktuellen Lage des Tigers, zu ein paar Erfolgsmeldungen, ohne dass sich aber nur das geringste am Grund der Probleme ändert, nämlich an der Auffassung, die natürlichen Reichtümer seien ein für uns frei verfügbarer Besitz.

Gemeine Vampirfledermaus – Anders als aus dem Kino bekannt, sind die Vertreterinnen der drei bluttrinkenden Fledermausarten keine großen, fliegenden Monster, sondern eher kleine, um die sieben Zentimer lange und 30 bis 35 Gramm wiegende Tiere. Ihr Bluttrinken gilt als extreme Sonderanpassung in der Ernährungsweise der in ihrer Verbreitung auf Mittel- und Südamerika beschränkten Fledertiere. Unter ihnen hat es vor allem eine Art zu ambivalentem Ruhm gebracht: die Gemeine Vampirfledermaus (*Desmodus rotundus*).

Während der Kammzahnvampir (*Diphylla ecaudata*) und der Weißflügelvampir (*Diaemus youngi*) selten sind und vor allem das Blut von Vögeln und kleineren Säugetieren trinken, haben die Gemeinen Vampire mit der Ankunft der Europäer in Amerika einen zahlenmäßigen Aufschwung erlebt, der ihnen heute zum Problem wird. Weil sie das Blut größerer Säugetiere einschließlich des Menschen trinken, können sie in Gegenden, in denen Rinder, Schafe, Pferde und Schweine die wilden Säugetiere fast ganz ersetzt haben, zu einem Gesundheitsrisiko werden.

Da sie in ihren nächtlichen Flügen von Schwein zu Schwein oder auch – seltener – von Rind zu Mensch wechseln, können sie eine spezifisch amerikanische Form der Tollwut übertragen, was ihnen den Zorn der Menschen eingebracht und zu teilweise widerlichen Verfolgungsjagden geführt hat. Für eine der Tötungsmethoden werden die Tiere mit Netzen gefangen und dann mit Gift eingerieben, einem Gift, das nur dann wirkt, wenn es mit dem Mund aufgenommen wird. Dabei

Naturphilosophische Auseinandersetzung, 1993

nutzen die Vergifter eine besondere Eigenschaft der Vampire: Gemeine Vampire leben tagsüber in großen Ansammlungen in Höhlen. Darin gehört die soziale Fellpflege mit Mund, Zunge und Zähnen zur Routine der Freundschaftssicherung, die, wenn Gift im Spiel ist, zum Massentod führen kann. Und damit ist ein Nachteil eines auf Teilhabe basierenden Soziallebens angedeutet. Vampirfledermäuse haben ein Sozialsystem entwickelt, das auf einem guten Gedächtnis und dem Ausgleich von Geben und Nehmen aufbaut. Weil während der nächtlichen Trinktouren nicht alle Tiere in gleicher Weise satt werden, würgen diejenigen, die buchstäblich zum Platzen satt geworden sind, für die weniger Erfolgreichen Blut aus dem Magen und lassen sie mitessen. Das tun sie aber nicht wahllos. Sie bevorzugen dabei diejenigen, die ihnen in der Vergangenheit auch etwas abgegeben haben. Der Schlüssel für diesen Austausch liegt dabei in der Fähigkeit, sich an den Verlauf der Beziehungen zu allen Fledermäusen, die gemeinsam die Höhle bewohnen, zu erinnern. Neurowissenschaftler sehen in der Herausforderung dieser Gedächtnisleistung den Motor zur Evolution bestimmter Hirnstrukturen: Die Größe des Neocortex der Vampire übertrifft die aller anderen Fledermausarten.

Um aber in der Lage zu sein, sich den Bauch bis zur Grenze der Flugfähigkeit zu füllen, bedarf es noch einiger anderer Sonderausstattungen. So bewegen sich Vampire auch am Boden außerordentlich schnell gewandt auf allen Vieren, in dem sie sich auf die Füße und die beiden Daumen stützen. Dadurch können sie sich sehr gut an schlafende Schweine anschleichen, um nach einer geeigneten Stelle in deren Fell zu suchen. Dabei helfen ihnen Hitzesensoren, die in drei grubenähnlichen Organen in der Nasenregion liegen und die zuvor schon vor allem von bestimmten Schlangenarten wie den Grubenottern bekannt waren.

Haben sie dann mit den freien Nervenenden in den Gruben eine besonders ergiebige Ader erspürt, beißen sie ein Stück aus der Haut des Schweines und lassen dann das Blut über eine Rinne in ihrer Zunge in den Magen laufen. Damit das Blut nicht zu schnell nach dem Austritt aus dem Körper des Opfers gerinnt, verfügen Vampire in ihrem Speichel über blutverdünnende Substanzen, von denen einige das Interesse der Forschung geweckt haben. Besonders das Protein Desmoteplase wird dabei intensiv dahingehend erforscht, ob es eventuell dabei helfen könnte, Blutgerinnsel bei Schlaganfällen im menschlichen Gehirn aufzulösen.

Zombie-Pilz *Ophiocordyceps unilateralis* – Gibt es die Mischwesen und Übergänge zwischen verschiedenen biologischen Arten, die Mythen, Märchen und psychedelische Rauscherlebnisse bevölkern, wirklich? Oder gibt es zumindest ein natürliches Vorbild für das Land, in dem Menschen aus nassen Pilzen wachsen, von dem Ovid in seinen *Metamorphosen* erzählt?

Es gibt immerhin Pilze, die das Verhalten und die Wahrnehmung von Menschen soweit beeinflussen können, dass das Bild von aus Pilzen wachsenden Menschen eine starke Plausibilität gewinnt. Die Wirkmacht von Pilzen auf Wahrnehmung und Verhalten von anderen Lebewesen ist einer der Gründe für die in den letzten Jahren wieder konzentriert und hochkontrolliert betriebenen medizinisch-pharmakologischen Forschungen mit LSD und Psilocybin, zwei aus Pilzen gewonnenen psychedelischen Drogen. Und auch wenn die Wirkmechanismen von Psilocybin und LSD nicht bis ins letzte Detail verstanden sind, so hat die Medizin immerhin erkannt, dass sie – anders als die gängigen antipsychotischen Medikamente, die in der Regel einfach nur ruhigstellen – die Wahrnehmung dahingehend beeinflussen, dass die Welt und das eigene Verhalten als veränderbar wahrgenommen wird.

Und wie weitgehend Pilze das Verhalten anderer Lebewesen manipulieren können, ist in den letzten fünf Jahren vor allem an drei Arten der sogenannten Zombie-Pilze erforscht worden. Die ganz realen Ergebnisse dieser Forschung haben das Potential, in der Vorstellung ohne jede weitere Zutat zum Horrortrip zu werden.

Man muss sich dazu nur eine Rossameise vorstellen, die ihr sicheres Nest verlässt, um auf die nächste Pflanze zu klettern. Schon für diesen Akt muss sie ihre angeborene Höhenangst überwinden, weshalb dieser Schritt in der Literatur als „Gipfelkrankheit“ bezeichnet wird. In einer Höhe von 25 Zentimetern über dem Waldboden wartet die Ameise „gipfelkrank“ auf die genau richtige Temperatur und Feuchtigkeit, um sich mit ihren Kiefern im finalen Todesbiss an die Pflanze zu klammern.

Was dann passiert, ist die bisher wahrscheinlich am besten dokumentierte Übernahme eines Körpers durch einen anderen Körper. Es wachsen zuerst die Mycele des Pilzes aus den Füßen der Ameise heraus. An der Pflanze verankert, beginnt der Pilz den Körper der Ameise zu verdauen und lässt einen Stil aus dem Kopf herauswachsen. Von dem Stil aus regnen dann die Sporen des Pilzes auf darunter herumlaufende Ameisen und infizieren diese neu. Und die Sporen, die ihr Ziel verfehlt haben, werden zu Fallstricken, indem sie klebrige Verlängerungen ausbilden, in denen sich die Ameisen verfangen.

Dabei steuert der Pilz das Verhalten der Ameise so präzise, dass sie nicht in irgendeine Stelle des Blattes beißt, sondern fast immer in eine der großen Blattadern. Hinzu kommt, dass alle befallenen Ameisen um die Mittagszeit synchron zubeißen und ihre Bewegungen in Richtung der Sonne ausrichten. Merlin Sheldrake stellt in seinem wunderbaren Buch *Verwobenes Leben. Wie Pilze unsere Welt formen und unsere Zukunft beeinflussen* die Ergebnisse der Zombie-Pilzforschung auch wegen der Präzision der Verhaltensteuerung anderer Lebewesen in den Zusammenhang mit der neueren LSD- und Psilocybin-Forschung.

Drawing After Imagination, 2024

Die Pilze scheinen nämlich nicht einfach das Gehirn der Ameise zu kapern, sie gehen eher pharmakologisch vor. Als man mit *Ophiocordyceps* infizierte Ameisen im Moment des tödlichen Bisses konservierte und aufschnitt, fand man das Gehirn völlig pilzfrei. Der Pilz hatte ein feingliederiges Mycel-Netzwerk durch den Körper der Ameise gesponnen, das die Muskelfasern umgarnte und so deren Bewegungen steuerte. Auch wenn es unklar ist, wie es der Pilz schafft, das Gehirn von den Muskeln zu trennen, um sie selbst zu steuern, ist der Mechanismus so präzise, dass die Annahme gestattet ist, dass Pilze den Geist von Tieren schon so lange manipulieren, wie es überhaupt einen zu manipulierenden Geist gibt.

Baywatch, 2024

Schirmquallen – Sie sind gefährlich. Sie sind schön. Sie verändern marine Ökosysteme und fügen der weltweiten Fischerei nachhaltig Schaden zu. Sie haben den aktuellen Medizin- und Neurowissenschaften eines ihrer wirkmächtigsten Hilfsmittel geschenkt, das grün fluoreszierende Protein (GFP), für das ihre Entdecker und Entwickler 2008 den Nobelpreis für Chemie erhielten. Mit dem ursprünglich aus der Qualle *Aequorea victoria* isolierten, unter ultraviolettem Licht neongrün schimmerndem Protein lassen sich Proteine fast jeder Art markieren, ohne dass sie dadurch beschädigt oder zerstört werden. Für die Erforschung des Verhaltens von Proteinen innerhalb der Zelle im Zusammenhang mit Krankheiten wie Alzheimer, Parkinson, HIV oder der Entwicklung von Nervenzellen im Gehirn war das ein Meilenstein, der die Einsicht in das Zellgeschehen auf ein nicht für möglich gehaltenes Niveau gehoben hat.

Dabei nehmen Quallen an Zahl und Ausdehnung so zu, dass Ozeanographen vom Zeitalter des „Rise of Slime", vom Aufstieg des Schleims sprechen. Neu an den aktuellen Quallenblüten ist, dass sie sich nicht mehr auf bestimmte Küstenstreifen Australiens oder Kaliforniens beschränken. Sie können mittlerweile überall auftreten und tun es auch mit wachsender Häufigkeit und Dauer.

Die Voraussetzungen ihrer aktuellen Zunahme kann man in ihrer Biologie selbst finden. Die meisten der um die 1500 Quallenarten zählen zu den Schirmquallen, nur um die zwanzig Arten werden in der Gruppe der Würfelquallen zusammengefasst. Aber davon abgesehen, sind es vor allem die Reproduktionsformen, die das Meer mit Sicherheit in Zukunft glitschiger werden lassen.

Quallensex übertreffe jede Science-Fiction-Fantasie, schreibt die Quallenforscherin Lisa-ann Gershwin in ihrer 2013 erschienenen Monographie *Stung! On Jellyfish Blooms and the Future of the Ocean*. Während einer Quallenblüte treffen sich Millionen von Mondquallen zu einer gewaltigen Orgie am selben Ort, zur selben Zeit über Monate. Zehntausend Eier kann bei solchen Treffen jede Qualle jeden Tag abgeben und es ist ihnen keine Variante der Fortpflanzung fremd. Es gibt Partnerwerbung und äußerliche sexuelle Befruchtung. Quallen können sich aber auch hermaphroditisch selbst befruchten.

Sie durchlaufen in ihrem Lebenszyklus einen Generationswechsel. Zunächst sind sie Polypen, danach Medusen. Die Polypen vermehren sich asexuell. Aus den Polypen gehen durch Knospung die freischwimmenden Medusen hervor. Die Medusen oder Quallen, wie sie synonym heißen, produzieren Keimzellen. Sie bringen Eier und Spermien hervor, die sich vereinigen und zu einem Polypen auswachsen. Mit dem Polypen beginnt der Kreislauf dann von Neuem, nur, dass es sich bei

Quallen nicht um einen echten Kreislauf oder Generationenwechsel handelt wie etwa bei Schmetterlingen. Während bei Schmetterlingen die Larve, nachdem sie sich in den fliegenden Schmetterling verwandelt hat, in die nächste Generation eingegangen ist, muss das bei Quallen nicht der Fall sein. Die Polypen der Schirmquallen zum Beispiel bleiben, nachdem sie die Medusen abgeschnürt haben, als Polypen erhalten. Sie sind nach der Medusenproduktion zwar erschöpft, können aber weiterleben und nach einer längeren Erholungsphase in eine neue Phase der Zell- und Köperteilungen eintreten, was bedeutet, dass die beiden Generationen des Generationswechsels der Quallen nebeneinander weiter existieren und auch in der Lage sind, sich beide auseinander heraus weiter zu vermehren.

Quallen, oder genauer die Polypen der Quallen, haben dabei dreizehn verschiedene Arten des Klonens entwickelt. Ihre Spezialität ist nicht die Tatsache, dass sie sich durch Teilung oder Knospung klonen können – das können manche Pflanzen und andere Wirbellose auch –, ihre Spezialisierung liegt darin, dass sie die asexuelle wie die sexuelle Fortpflanzung jederzeit parallelschalten können, ohne dass eine der beiden zugunsten der anderen gestoppt wird.

Es sind also die Polypen, die durch ihre Klontechniken die wahnsinnige Vermehrung der Quallen innerhalb kürzester Zeit erreichen. Und mit den Polypen kommt man auch an die Quelle der explosionsartigen Vermehrung der Quallen, die, über die Überdüngung und Verschmutzung der Meere hinaus, entscheidend ist: Die Polypen müssen sich an festen Gegenständen im Meer verankern und die sind durch menschliche Eingriffe wesentlich zahlreicher geworden, als es die Steine, Felsen und Austernschalen am Meeresgrund je waren. In Häfen und anderswo befestigte Piere, Offshore-Windturbinenträger, Öl- und andere Plattformen, Schiffsrümpfe und Plastikverpackungen aller Art haben die Andockmöglichkeiten der Polypen in einer Weise vervielfacht, dass die immense Vermehrung während der Quallenblüte nicht mehr als Wunder der Natur erscheinen muss.

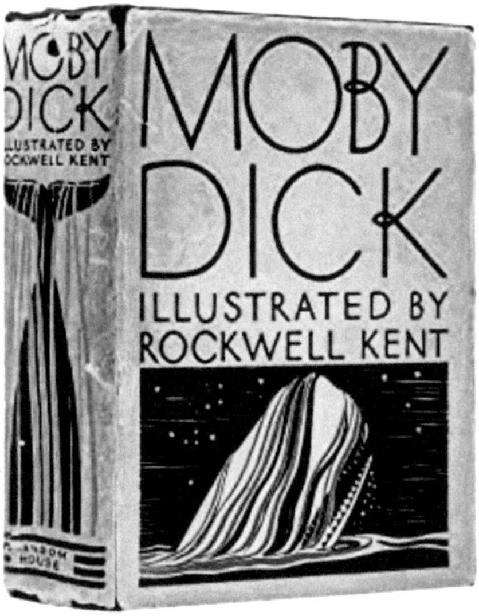


Moby Dick, 2024

Pottwal – Herman Melville war sich der Schwierigkeiten seines Versuchs bewusst. Eine systematische Darstellung der Wale in ihren weitverzweigten Gattungen sei keine kleinere Aufgabe als die Klassifizierung der Bestandteile des Chaos, wie er im Kapitel „Cetologie" seines *Moby Dick* schrieb. Pottwale hätten einen Buckel wie Buckelwale, aber damit endete die Ähnlichkeit auch schon. Ganz gleich welches Merkmal man bei verschiedenen Walarten nehme – das Fischbein, die Finne, den Buckel oder die Zähne – es bildeten sich so unregelmäßige Kombinationen, oder, wenn eines von ihnen abgesondert würde, so unregelmäßige Isolationen, dass sie „aller gemeinverbindlichen methodischen Ordnung, so auf solcher Grundlage gebildet, hohnsprechen", wie Melville richtig feststellte. Und überhaupt sei der Pottwal, ob wissenschaftlich oder dichterisch, noch in keiner Literatur mit „ganzem Leben" erfüllt worden. Der Pottwal sei in weit höherem Maße als alle anderen gejagten Wale ohne eine geschriebene Biografie geblieben.

Daran hat sich, auch wenn man heute wesentlich mehr über die Tiere weiß, nichts geändert. Denn um das ganze Leben der Pottwale beschreiben zu können, müsste es zumindest einem Taucher oder Forscher gelungen sein, zwei Wale bei der Kopulation beobachtet zu haben, was bis heute nicht der Fall ist. Dafür weiß man aber ziemlich genau, wo die Cetaceen, wie Wale und Delfine im Fachjargon heißen, unter den Säugetieren hingehören. Die Genetik hat sie durch Untersuchungen in den letzten 15 Jahren inmitten der Paarhufer angesiedelt und zwar wirklich in der Mitte und nicht an irgendwelchen Rändern, wie Systematiker gern betonen. Während man sich die nahe Verwandtschaft der Pottwale mit Flusspferden noch vorstellen kann, wird das bei ihrer Verwandtschaft mit Kamelen oder Kühen schon schwieriger. Aber den Pottwalen dürfte das, Genetik hin oder her, sowieso egal sein, zumal sie unter den Walen morphologisch immer noch keinem anderen Wal gleichen, also so einmalig bleiben, wie schon Melville sie beschrieb. Das hängt vor allem mit dem Kopf, genauer der Nase der Pottwale zusammen. Denn Pottwale haben nicht nur den größten Kopf und das größte Gehirn unter allen Säugetieren, sie haben vor allem die größte Nase und diese degradiert den Schädel, auf dem sie auf- oder ansitzt zu einer zwergenhaften Haltevorrichtung. Der dänische Pottwal-Akustiker Bertel Møhl hat Pottwale deshalb mal als „Nasen mit Außenbordmotor" beschrieben. Um die Funktion der Nase rankte lange Zeit vor allem eine Theorie, nach der die Tiere in der Lage seien, das Fett in der Nase irgendwie in seiner Konsistenz zu verändern, um so tief tauchen zu können, wie sie es können. Erwachsene Pottwalbullen können tatsächlich bis zu drei Kilometern tief tauchen. Was sie aber nicht können, ist, das spezifische Gewicht des Fettes ändern, das insofern als Tauchhilfe ausfällt.

Aktuell sind sich alle Forscher darin einig, dass die Nase vorrangig der Lautproduktion dient. Aufgebaut aus zwei riesigen Fettkörpern, dem Spermacetieorgan und dem Junk, ist die Lautproduktion in der Nase zwar immer noch nicht vollständig verstanden, dafür ist ihre Kraft aber gemessen. Pottwale bringen es zu Klicks, wie ihre Töne heißen, von um die 200 Dezibel und Taucher, die in ihre Nähe kamen, spürten ein heftiges Beben durch die Tauchanzüge, nicht nur im Bauch. Die Namen Spermacetiorgan und Junk sind sozusagen koloniales Erbe aus der Zeit des vor allem von amerikanischen Schiffen betriebenen industriellen Walfangs um die Mitte des 19. Jahrhunderts. Spermacetieorgan heißt der obere der beiden Fettkörper, weil das hier enthaltene Öl – das teuerste seiner Zeit – die Walfänger, die es aus den

Pottwalen extrahierten, in Farbe und Konsistenz an Sperma erinnerte. Im Fettkörper unter dem Spermacetieorgan war nur minderwertiges Öl zu finden – Abfall oder Junk eben.

Aber unabhängig von der Verwertbarkeit produzieren die Wale mit Hilfe dieser beiden Fettkörper über die verschiedensten Sende- und Bündelungsprozesse im Wesentlichen zwei Lauttypen. Sehr laute, für Menschen hörbare und teilweise sehr leise, unterhalb der menschlichen Hörfähigkeit liegende Klicks. Die Klicks dienen dabei einerseits der Echoortung und andererseits der Kommunikation. Für Aufsehen sorgte die Tatsache, dass Pottwalpopulationen echte Dialekte entwickeln, an denen sie ihre Gruppenzugehörigkeit erkennen und dass Tiere, die sich einer neuen Gruppe anschließen, in relativ kurzer Zeit den Dialekt ihrer neuen Freunde lernen und anwenden. Ähnlich große Aufmerksamkeit könnte ein bisher nur vermuteter Sachverhalt erlangen, wenn er sich bestätigen sollte. Ihm zufolge nutzen Pottwale ihre Klicks nicht nur zur Ortung von riesigen Tintenfischen in der Tiefsee, sondern auch als Waffen, indem sie ihre Klicks zu Lautgeschossen bündeln, mit denen sie Tintenfische gezielt betäuben.

Afrikanischer Elefant – Der heilige Franz von Sales konnte es kaum fassen. Der Elefant sei zwar ein plumpes Tier, „doch das würdevollste, das auf Erden lebt, und eines der feinsinnigsten". Zum Beweis der Ehrenhaftigkeit des Elefanten lieferte er in seiner *Anleitung zum frommen Leben* von 1609 eine der schönsten Stellen christlicher Verhaltensbiologie überhaupt. Ein Elefant wechsele niemals sein Weibchen und liebe dasjenige zärtlich, „das er erwählt hat, mit dem er sich jedoch nur alle drei Jahre paart, und das nur fünf Tage und so versteckt, dass er niemals bei diesem Akt gesehen wird". Am sechsten Tag aber sehe man ihn, „wie er geradewegs zu irgendeinem Fluss geht, um seinen ganzen Körper zu waschen, da er nicht zur Herde zurückkehren will, bevor er nicht gereinigt ist".

Michel Foucault war von dieser Stelle so angetan, dass er sie im Januar 1981 zu Beginn seiner Vorlesungen über „Subjektivität und Wahrheit" am Collège de France in Paris seinen Hörerinnen und Hörern vorlas. Foucault vergaß nicht hinzuzufügen, dass es nicht nur die frommen Texte waren, die den Menschen den Elefanten als Vorbild empfahlen. Auch die Naturforscher des 17. Jahrhunderts redeten nicht anders über Elefanten. Noch eineinhalb Jahrhunderte nach Franz von Sales wird der große Georges-Louis Leclerc, Comte de Buffon, in seiner monumentalen Naturgeschichte dem Elefanten die größten sozialen Tugenden zuschreiben und seine Herde zum Modell der menschlichen Gesellschaft machen: „Er ist klug, er ist mutig, er ist beherrscht, er ist gehorsam, er ist seinen Freunden treu", attestiert er ihm.

Fritz Morte, 1984

Von heute aus muss man Foucaults wunderschön gesprochene Analyse der wortreichen Unwissenheit bei der tierfernen Naturbetrachtung nur um den Zusatz ergänzen, dass sich daran für die Elefanten bis in die 1960er Jahre nichts geändert hat. Erst 1968 wird die amerikanische Verlegertochter Cynthia Moss ihren Job bei der *Newsweek* kündigen, um mit dem britischen Elefantenforscher Ian Douglas-Hamilton in Tansania zu arbeiten. Mit den dabei erworbenen Fähigkeiten begann Moss dann 1972 im kenianischen Amboseli-Nationalpark ihr Langzeitforschungsprojekt, das sie zu einer Art Jane Goodall der Elefanten werden ließ. Ähnlich wie Goodall, die ihre Forschungen zum Sozialverhalten der Schimpansen in den 1980er Jahren auf den Schutz ihrer Lebensräume verlagerte, arbeitet auch Moss primär am Naturschutz und der gesellschaftlichen Vermittlung der Forschung, unter anderem durch Dokumentationen für die BBC, für die sie über 19 Jahre lang eine Elefantenfamilie begleitete.

Wobei der Begriff der Familie hier schon das erste Konnotationsproblem mit sich schleppt. Elefantenfamilien sind prinzipiell vaterlos. Die Organisationsformen männlicher und weiblicher afrikanischer Elefanten unterscheiden sich fundamental. Während sich die Bullen, wie die Männchen ausgewachsen heißen, relativ einfach organisieren, leben die weiblichen Elefanten, die Kühe, in Gruppen, die man gern als komplex bezeichnet, weil sich ihre kontinuierlichen, teilweise auch täglichen Verschiebungen in der Zusammensetzung so schwer detailgenau nachzeichnen lassen. Den Kern der sogenannten Familiengruppen bilden dabei die Kühe mit ihrem Nachwuchs, der bis zu drei Kälber verschiedenen Alters umfassen kann. Allein trifft man solche Kühe aber nur selten an, denn in der Regel schließen sie sich mit anderen Kühen zu einer Herde zusammen. Diese Herden können zahlenmäßig – abhängig von offenem oder geschlossen bewaldetem Gelände – stark variieren und 10 bis 50 Individuen umfassen. Herden schließen sich aber immer wieder mit anderen Herden zusammen und bilden dann sogenannte Clans. Die Clans treffen sich gern an Wasserstellen – Elefanten baden tatsächlich täglich und gern – und trennen sich dann wieder und das auch nach Laune und nicht nur in Abhängigkeit von Futter, Wetter und Feinden. Elefanten organisieren sich also nach dem Fission-Fusion-Prinzip, wie der Fachausdruck dafür lautet. Und in diesen Herden und Clans kommt es dann zu all den Formen sozialer Organisation, die Elefanten berühmt gemacht haben. So bilden Herden wie Clans Kindergärten aus und stellen sich, wenn die Kälber etwa von Löwen angegriffen werden, in Wagenburgform um die Jungen, um sie zu verteidigen. Es scheint bei Elefanten so zu sein, dass sie ihre gesamte soziale Kompetenz, von der Kinderbetreuung bis zur friedlichen Konfliktlösung, erlernen müssen und auf nur wenige Instinktressourcen zurückgreifen können. Der Prozess des Sozialen füllt damit das Leben der weiblichen Elefanten neben dem Fressen fast vollständig aus. Da Elefantenkühe nur alle vier bis fünf Jahre ein Kalb zur Welt bringen, ist – da haben die christlichen Autoren recht – die Paarung wirklich nur sehr selten zu beobachten.

Baobab – Es gibt Lebewesen, die schon mit ihrer Gestalt und dem Ort, an dem sie wachsen, so viele Fragen aufwerfen, die sich der Beantwortung durch den zur Verfügung stehenden Wissensstand entziehen, dass die Zuflucht zu magischen Erklärungen zwangsläufig mit ihnen verbunden zu sein scheint. Der südlich der großen Wüste der Sahara fast überall in Afrika vorkommende und besonders in trockeneren Gegenden zur Charakterpflanze gewordene Baobab oder Affenbrotbaum gehört mit Sicherheit zu solchen Wesen.

Das fängt schon mit der äußeren Erscheinung an. Boababs werden auch als Flaschenbäume bezeichnet, ein Name, der sich von der Flaschenwuchsform ableitet. Sie haben einen dicken, teils bauchigen, oft auch skurril verschlungenen Stamm, der sich nach oben hin zum Flaschenhals verdünnt und nur darüber eine im Verhältnis zum Stamm relativ kleine Krone ausbildet, mit Ästen, Zweigen, Blättern und Blüten.

Ökologisch lässt sich die Wuchsform des Flaschenhalses relativ einfach erklären. Der dicke Stamm ist ein sehr guter Wasserspeicher und durch die wenigen Blätter, die in einem kleinen Bereich am „Kopf" des Baumes konzentriert sind, ist die Verdunstung in der Hitze des Tages gering. Für Bäume, die auf das Wasser des Morgentaus, des Morgennebels und auf die vom Wind herbeigewehte Feuchtigkeit angewiesen sind, bietet der Flaschenwuchs eine optimale Regelung des Wasserhaushalts. Es ist daher kein Wunder, dass sich diese Wuchsform in verschiedenen Gattungen des Pflanzenreichs, vor allem in trockenen Umgebungen, verwirklicht hat.

Baobabs übertreffen in ihrer Dimension alle anderen Flaschenbäume. So erreicht der Stamm bei ausgewachsenen Bäumen einen Umfang von um die 20 Meter, in Extremfällen auch 40 Meter und er soll bis zu 150.000 Liter Regenwasser speichern können. Bei einer Höhe von 30 Metern ist das schon ein Ereignis von Baum. Wenn man vor so einem Baum steht und es um ihn herum summt, brummt, schwirrt und ein Affe mit einem sehr langen, sehr eleganten Schwanz einen mehr oder weniger freundlich von oben angrinst, dann sind Magie und leichtes Unbehagen nicht mehr weit voneinander entfernt. Ganz besonders auch deshalb, weil das sonst von Bäumen so bekannte Rascheln der Blätter im Wind komplett fehlt. Bei einsetzender Trocken-

Baobab-Samen, 2024

heit werfen Baobabs ihre Blätter regelmäßig ab und tragen so auch zur Befeuchtung des Bodens bei. „Alles im Baobab ist auf den sparsamen Umgang mit Wasser ausgerichtet", schreibt Marc Engelhardt in seiner wunderbaren Monografie *Baobab*. Wunderbar ist Engelhardts Buch, der fast ganz Afrika bereist hat, überall auf Boababs traf und ihrer Magie verfiel, weil er die Erzählungen und Mythen der verschiedenen Bevölkerungen Afrikas zu diesem Baum genauso ernst nimmt wie die der Wissenschaft und ihrer Geschichte.

Engelhardt geht dabei wie die klassischen Botaniker des 19. Jahrhundert vor. Er reist viel, redet, wo er kann, mit Pflanzern, Forschern und ortsansässigen Freunden des Baumes. Wobei der Ruf des Baobabs nicht der Beste ist. In Simbabwe gilt er als selbstverliebt und gehässig, er habe für andere Kreaturen wenig mehr übrig als Spott. Für manche Ethnien ist er der *devil tree*, der Teufelsbaum, weil es der Teufel gewesen sein soll, der den Baobab mit dem Kopf zuerst in den Boden steckte, um Gottes größtes Werk, die grünen Baumkronen, vor der Welt zu verstecken.

Die ambivalente Haltung in den Erzählungen um den Baum hindert natürlich kaum jemanden daran, seine Vorteile wie das Wasser und seine leicht säuerlichen Früchte zu genießen. Was auch für Tiere gilt und worauf sein zweiter Name Affenbrotbaum verweist. Meerkatzen, Paviane und Schimpansen zählen zu den Freunden der Frucht des Baobabs, was dem Baum guttut. Denn zum einen wachsen Baobabs gern allein, weit weg von anderen Baobabs und zum anderen sind ihre Samen starkwandig geschützt und nur schwer zum Keimen zu bringen. Die Darmsäfte von Affen und Elefanten weichen die Wand etwas auf und beschleunigen so den Keimprozess. Bei einer Pflanze, von der Engelhardt auf seinen Reisen nie Schösslinge gesehen hat, ist das wohl notwendig: Baobabs wachsen so langsam, dass einem die Zeit unheimlich werden kann. 15 Jahre dauert ihre erste Schösslingsphase, in der sie nur in die Höhe wachsen. Dann folgen 60 bis 70 Jahre, in denen der Stamm dicker wird. Danach erst folgt die 200 bis 300 Jahre dauernde „Flaschenphase“, in der Baobabs zu dem werden, was man kennt, um von der 500 bis 800 Jahre währenden Altersphase ganz zu schweigen.

Seychellenpalme – Selbst wenn man für Superlative nicht viel übrig hat, kommt man im Wald des Naturschutzparks Vallée de Mai auf der Seychelleninsel Praslin nicht umhin, sich mit ihnen gutzustellen. Das liegt zum einen am Licht- und Schattenspiel des Waldes, das mal in schärfsten Konturen und klarster Geometrie Hell und Dunkel voneinander trennt, wie man es in tropischen Wäldern noch nie angetroffen hat. Dann aber können helle Lichtpfeile das Blätterdach so ungehindert durchdringen, dass sie alle Umrisse wie mit einem Weichzeichner überblenden und in wattige Verläufe auflösen. Das hat damit zu tun, dass es im Vallée de Mai große Bereiche gibt, die ausschließlich von Palmen bewachsen sind.

Nicht von irgendwelchen Palmen, sondern von Seychellenpalmen, die bis zu 30 Meter hoch werden können und damit die größten Palmen der Welt sind. Der Größenwahn hört damit noch lange nicht auf. Die Größe der Wedel der jungen Palme verschlagen einem die Sprache. Bis zu 16 Meter hoch wachsen sie, so hoch wie junge Bäume, allerdings ohne, dass man so etwas wie einen Stamm erkennen könnte.

Es ist eine Besonderheit von Palmen, dass sie, anders als etwa Kiefern oder Eichen, zunächst nur Blätter bilden, bevor sie einen Stamm aufbauen und bei der Seychellenpalme sind allein die Blätter schon jungbaumhoch. Wobei „jung“ hier relativ ist. Von der Keimung zur Ausbildung eines Stammes und zur ersten Blüte und Fruchtbildung können bei der Seychellenpalme 15 bis 40 Jahre vergehen. Es dauert schon bis zu sieben Jahre bis die Samen nach der Befruchtung der weiblichen Blüte reif geworden sind. Neben der Größe ist also auch die Dauer ein Fall für Superlative.

Pflanzengeographen gehen mittlerweile davon aus, dass es sich bei den Seychellenpalmen um Reliktpopulationen handelt, aus der Zeit als Afrika und die Seychellen noch nicht getrennt und Teil des Großkontinents Gondwana waren, wofür auch spricht, dass man in Afrika keine annähernd verwandten Palmen gefunden hat. Und die großen Dimensionen von Blättern, Blüten und Samen würden dann für einen „Inselgigantismus“ sprechen, der sich nach der Abspaltung der Seychellen vom Festland herausgebildet hat.

Mit dem Terminus Inselgigantismus beschreiben Biologen das Phänomen, dass auf vielen weit vom Festland entfernten ozeanischen

Loophole, Via Camillo Cavour, 2024

Inseln manche Pflanzen- und Tierarten wesentlich größer sind als ihre nächsten Festlandverwandten. Klassische Beispiele dafür sind die Riesenschildkröten auf den Galapagosinseln und die Gänsedisteln auf den Kanarischen Inseln. Während die Gänsedisteln auf dem Festland nur krautige Pflanzen sind, können sie auf den Kanaren bis zu zwei Meter hoch werden und sich zu Sträuchern auswachsen. Für die Seychellenpalme wird der Gigantismus besonders mit ihrer Frucht, der Nuss, zum doppelten Problem.

Wenn die Nuss endlich reif ist, besteht sie aus zwei Samen, die sich wie ein weibliches menschliches Hinterteil formen und bis zu 20 Kilogramm schwer werden. Damit ist die Nuss der Seychellenpalme die schwerste Frucht des ganzen Pflanzenreichs. Neben der sexuellen Konnotation, die sie seit ihrer Entdeckung hat teuer werden lassen – heute bezahlt man für eine Nuss als Souvenir zwischen 200 und 600 Euro –, ist ihr Gewicht das biologische Hauptproblem. Denn wenn die Palmen da wachsen müssten, wo die Nüsse auf den Boden fallen, würde die unvermeidliche Konkurrenz um Licht und Nährstoffe die Ausbreitung der Palme verhindern. Und da es keine Vögel gibt, die eine zwanzig Kilo schwere Frucht verbreiten könnten und Säugetiere wie Elefanten und größere Affen auf den Seychellen nicht vorkommen, ist es botanisch tatsächlich eine interessante Frage, wie die Palmenwälder entstehen konnten.

Die Lösung, die die Palmen gefunden haben, ist so verblüffend wie einmalig. Der Trieb, der aus dem Samen herauswächst, wächst wie bei jeder Pflanze erst einmal senkrecht nach unten in den Boden. Nach 30 bis 60 Zentimeter wechselt er die Richtung und wächst waagerecht weiter. Bis zu zehn Meter lang kann dieser Strang auf der Suche nach einem Platz mit mehr Licht werden. Die von Botanikern als Nabelschnur bezeichnete Verbindung zwischen der Nuss und dem Ort, an dem die Palme dann mit ihren Blättern aus dem Boden schießt, bleibt bis zu vier Jahren bestehen und versorgt die wachsende Pflanze mit Kohlenhydraten und Nährstoffen aus dem Samen. Auf diese Weise können sich die Palmen in bisher unbesiedelte Bereiche der Seychellen ausbreiten. Was sie aber nicht können, ist, sich gegen die Nachfrage nach ihren Samen wehren: für die Zirkulation des Geldes ist die Zirkulation der Palme zu langsam.

Bonobos – Der Star, der im Gehege des britischen Twycross-Zoos gegen eine Glasscheibe geflogen war und danach benommen zu Boden ging, hatte Glück. Die Bonobofrau Kuni, die den Vorfall beobachtet hatte, hob den benommenen Vogel auf und versuchte ihn auf die Beine zu stellen. Als das nicht half und der Star sich immer noch nicht bewegte, warf sie ihn ein bisschen in die Höhe, doch der

Cologne Nightingale, 1991

Vogel flatterte bloß. Darauf kletterte Kuni mit dem Star in der Hand auf den höchsten Baum und klammerte ihre Beine um den Stamm, um ihre beiden Hände für den Vogel frei zu haben. Vorsichtig entfaltete sie seine Flügel, nahm jeweils einen zwischen die Finger ihrer Hände und spreizte sie. Dann schickte sie den Vogel wie ein kleines Modellflugzeug in die Richtung, die aus ihrem Gehege herausführte. Doch der

Star kam nicht weit, er landete am Rand des begrenzenden Wassergrabens. Kuni kletterte wieder aus dem Baum auf den Boden, passte auf den Vogel auf und vertrieb auch einen neugierigen Jungaffen, bis sich der Star gegen Abend wieder erholt hatte und davonfliegen konnte.

Frans de Waal, der im März 2024 im Alter von 75 Jahren verstorbene Friedensforscher in der Primatologie, hat die Geschichte von Kuni und dem Star in seinen Büchern mehrmals erzählt. Für ihn stand sie paradigmatisch für die Entkräftung der alten Phrase, nach der nur Menschen in der Lage seien, sich adäquat auch artübergreifend um andere Lebewesen zu kümmern. Denn Kuni hatte sich zu dem Vogel völlig anders verhalten als gegenüber hilfsbedürftigen Angehörigen der eigenen Art. Sie hatte ihren Beistand exakt der spezifischen Situation eines Tieres angepasst, das von ihr selbst völlig verschieden war. Die Vögel, die an ihrem Gehege vorbeiflogen, mussten ihr eine Vorstellung davon vermittelt haben, welche Art der Hilfe nötig war. Diese Form der Einfühlung von Tieren war zuvor in der westlichen Forschung nicht beschrieben worden, bis im Zuge des weltweiten Erfolgs von de Waals Büchern – die mit Titeln wie *Peacemaking among Primates* von 1989 und *The Age of Empathy* von 2009 ihre Themen klar annoncierten – die Forschungen und Ergebnisse zu Emotionen und Politiken unter Tieren explodierten.

Dabei enthält die Geschichte der Bonobofrau und dem Star schon die wichtigen Merkmale von de Waals Forschungen. Er arbeitete fast ausschließlich mit im Zoo gefangen gehaltenen Tieren oder mit Tieren, die in halbfreien, großzügigeren Forschungsanlagen lebten und er hatte keine Angst vor Anekdoten. Anekdoten, wahre Geschichten, konnten für ihn die Potentialität freier Affengesellschaften für einen Moment realisieren und aufblitzen lassen. Im Fall von Kuni war die Begebenheit ein Hinweis darauf, dass Bonobos nicht einem fest verdrahteten Verhaltensmuster folgten, sondern auf Ereignisse in der Umwelt angemessen reagieren konnten, wobei de Waals Begriffe des Mitfühlens und der Empathie alles andere als romantisch waren. Dieselbe Fähigkeit, andere zu verstehen, ermögliche es auch, ihnen mutwillig weh zu tun, schrieb er einmal. Und damit ist das Zentrum seiner Forschungen erreicht: der Vergleich von zwei untereinander nah und mit dem Menschen auf gleiche Weise verwandten Menschenaffen, nämlich Schimpansen und Bonobos. Mit dem Sozialverhalten beider Arten kannte sich de Waal bestens aus, machte aus seiner Sympathieverteilung aber kein Geheimnis. Selbst Schimpansen müssten zugeben, dass Bonobos mehr Stil hätten, meinte de Waal und bezog Stil nicht nur auf die äußerliche Erscheinung der schlankeren und feingliederigen Bonobos. Und als wollte die Wissenschaft ihm noch ein letztes Geschenk machen, erschien im November 2023 die erste Studie, die zeigte, dass verschiedene Affengesellschaften auch über die Grenzen ihrer eigenen Gruppe hinaus weitreichend kooperieren können. Beobachtet hatte man diese gruppenübergreifende Kooperation, die auch Freundschaften über die Gruppengrenzen hinaus ermöglichte, unter Bonobos im Kongo, dem natürlichen Lebensraum der Affen.

Die „Make-Love-Not-War"-Primaten, als die de Waal nach dem alten Hippie-Motto Bonobos bezeichnete, auch weil sie Spannungen und Streitereien regelmäßig in Sex auflösen, waren allerdings besonders feindlich gegenüber gruppenfremden Tieren eingestellt. Und in dieser Ambivalenz lag für de Waal auch ein Teil unseres Primatenerbes, ein lange Zeit unberücksichtigter Teil.

Nachdem über Schimpansen berichtet worden war, dass sie gelegentlich ihre Nachbarn überfallen, einfangen, quälen und auch brutal umbringen, hatte diese Nachricht keine Schwierigkeiten, von allen möglichen Wissenschaften in „unser" Primatenerbe aufgenommen zu werden. Bonobos aber erzählen eine etwas andere Geschichte. Auch wenn sie unfreundlich zu Nachbarn sind, nehmen ihre Begegnungen stets einen anderen Verlauf. Die Frauen laufen zur anderen Seite über, um sich dort mit den Männern und anderen Frauen zu paaren. Und weil es schwer ist, sich zu paaren und gleichzeitig Krieg zu führen, verwandelt sich das Geschehen eher in ein Picknick als in einen Krieg.

Sokotra-Spatz, *Passer insularis* – Dass jeder Spatz mit jeder Bewegung immer schon auf dem Weg ist, sich von dem zu entfernen, von dem wir meinen, dass es einen Spatzen kennzeichnet, gehört zur Bewegung der Evolution, auch der Spatzen. Natürlich geschehen diese Abweichungen ganz unmerklich, unterhalb unserer Wahrnehmungsschwelle. Bei Spatzen aber noch einmal unmerklicher, da sie praktisch nie allein auftreten, sondern immer in Gesellschaft. Auf Dauer vergesellschaftete Tiere stellen zumindest die modernen Menschen und ihre Wissenschaften vor das Problem, dass Handlungen der Gesellschaft nur äußerst schwer bis gar nicht an oder in einem Individuum gemessen werden können. Das heißt nicht weniger, als dass die Gesellschaft im Wesentlichen über immaterielle Prozesse zusammengehalten wird.

Sicher ist nur, dass Spatzen kein einfaches Leben haben, dafür aber ein sehr fruchtbares. Von Sappho bis zu Friedrich Kittler hat die Fruchtbarkeit der Spatzen Dichterinnen und ihre Theoretiker dann

Pic nic / Hanneke's House, 2021

auch in einfaches Erstaunen versetzt, das gar nicht erst versuchte, nach den Gründen zu fragen. Sappho und Kittler reichte es völlig, dem Treiben der Spatzen in fast schon geschlechtslosem Wohlgefallen zuzusehen, ohne auf die Details zu schauen. Was, wie neuere Ergebnisse der Verhaltensforschung zeigen, auch vernünftig war. Denn Spatzen ist nichts Denkbares fremd. Es gibt unter ihnen serielle Monogamisten, Bigamisten, Homosexuelle und Kindstöter und Kindstöterinnen wie auch solche, die einfach nur leben, ohne sich jemals fortpflanzend in den Gang der Genome einzuschalten.

Mittelalterlichen Christen, den Amerikanern des 19. Jahrhunderts und dem mittleren Mao der Aufbauphase der kollektiven Landwirtschaft war dieses scheinbare Sodom und Gomorrha nicht entgangen und so riefen sie zu großen, für die Spatzen verlustreichen Kriegen gegen sie auf. Ohne allerdings auf lange Sicht der Ausbreitung und Zahl der Spatzen wirklich Schaden zufügen zu können. Das gelingt erst in neuerer Zeit, nämlich der aktuellen Architektur in Metropolen wie London, Paris oder Hamburg. Irgendwie haben es die Innenstadtarchitekten dort geschafft, die Kernbeziehungen der Spatzengesellschaft zu zerstören und sie auf die rote Liste der gefährdeten Arten umzusiedeln.

Auch deshalb kann man die „Evolution in Bewegung“, was die Spatzen anbelangt, neuerdings am besten weit weg von neuer Großstadtarchitektur beobachten. Es gibt am Ostausgang des Golfs von Aden eine kleine einzigartige Inselgruppe, die von Biologen als das „Galapagos des indischen Ozeans“ bezeichnet wird. Neben der Hauptinsel Sokotra umfasst der Archipel fünf kleinere Inseln sowie die zweitgrößte Insel des Archipels Abd al-Kuri. Und Abd al-Kuri und die Hauptinsel sind es, die den Unterschied unter den Spatzen ausmachen. Die Sokotra-Spatzen, wissenschaftlich *Passer insularis*, leben mit einer geschätzten Population von 250.000 Individuen auf der Hauptinsel in Siedlungen und an Häusern wie in den Bergen und Wäldern. Bis in die 1990er Jahre noch als Unterart geführt, gelten sie heute als eigene Art, die sich eventuell auf dem Weg einer weiteren Artspaltung befindet. Denn die nur tausend Individuen umfassende Population auf der Insel Abd al-Kuri unterscheidet sich im Aussehen und Verhalten bereits stark von der Hauptpopulation auf Sokotra. Die Abd al-Kuri-Spatzen sind kleiner und wesentlich weniger gesellig. Es scheint nur noch eine Frage der Zeit zu sein, bis sie sich auch genetisch von den Sokotra-Spatzen so weit entfernt haben, dass man sie als eigene Art führen kann. Ein Prozess, der in diesem Fall ganz klassisch durch die Insellage beschleunigt werden könnte. Auf dem Sokotra-Archipel allerdings könnte auch ein ökologischer Faktor die beiden Populationen zu Verhaltensunterschieden zwingen. Während es auf Sokotra Oberflächenwasser gibt, an dem sich die Spatzen oft in Trupps von bis zu 50 Tieren versammeln, dort trinken und baden, fehlt solches Wasser auf Abd al-Kuri. Die Spatzen müssen Wasser also vor allem über Pflanzen und deren Früchte aufnehmen. Eine Anforderung, die nicht unbedingt die Geselligkeit unterstützt.

Dachsammer – Wenn teilweise schon im Februar und in den darauffolgenden Wochen mit den heller und länger werdenden Tagen die Vögel in ihren Revieren singen, was das Zeug hält und die kleinen Körper dabei manchmal zu beben scheinen, ist die Frage, warum sie das tun, die, die am klarsten zu beantworten ist. In der Regel sind es die Männchen, die mit ihrem Gesang ihr Revier, ihr Territorium, etablieren und eine Doppelfunktion ausüben. Zum einen wollen sie mit den Liedern Weibchen anlocken und zum anderen männliche Rivalen fernhalten. Im Gesang selbst steckt also ein permanentes Changieren zwischen Attraktion und Aggression, das am Ende mit Sicherheit auch zu seinem Spannungseffekt beiträgt.

Eine andere schon wesentlich komplizierter zu beantwortende Frage ist, ob die Vögel jedes Jahr die gleichen Songs singen. Für manche Vögel, beispielsweise für Nachtigallen, die über mehrere Jahre genau untersucht wurden, ist die Sache relativ klar. Nachtigallenhähne sind eher konservativ und verändern über ihre Lebenszeit die Strophen ihrer Gesänge kaum. Das heißt, sie lernen in der Regel zum Gesang, den sie in ihrem ersten Lebensjahr entwickelt haben, kaum noch etwas dazu. Bei einer Lebenserwartung im Freiland von sechs bis sieben Jahren folgt daraus, dass dieser individuelle Typ des Gesangs nach dieser Zeit verschwunden ist.

Ganz anders ist das bei Kanarienvögeln, die jedes Frühjahr vollkommen neue Lieder singen. Das unterscheidet die Vögel so extrem von anderen bekannten Arten, dass sie in den 1970iger und 1980iger Jahren zu Modellorganismen einer neurowissenschaftlichen Revolution wurden. Kanarienvögel bilden jeden Winter jene Hirnregionen zurück, in denen das Lernen des Gesangs koordiniert wird und die Ergebnisse des Lernprozesses gespeichert werden und lassen sie zum Frühjahr neu wachsen. Sie müssen also ihre Lieder immer wieder neu erlernen.

Mit der Erkenntnis des zugrundeliegenden Nerventods und des Neuentstehens der Nerven ist auch das Dogma überwunden, demzufolge Nervenzellen in einem Lebewesen nur einmal im Leben heranwachsen, ihren Dienst tun und dann absterben. Nervenzellen können sich auch innerhalb eines individuellen Lebens erneuern und sie tun es besonders im Zusammenhang von Lernprozessen.

Rough Draft for a Vinyl Cover, 2024

Ein Wunder, dass man den Prozess des Nervenneuwachstums zuerst bei Vögeln entdeckte, war es nicht. Singvögel müssen ihre Gesänge erlernen genau wie wir die Sprache. Es gibt zwar auch bei Singvögeln angeborene Rufe wie Warn- und Kontaktlaute, die aber haben mit dem Gesang nichts zu tun. Die Gesänge der Vögel haben, wie unsere Sprache, kein körperliches Apriori, kein wie auch immer gebautes materielles Korrelat, beispielsweise in den Genen. Auch deshalb zählt die Forschung am Vogelgesang zu den wenigen Gebieten der Biologie, in denen man, ohne Gefahr zu laufen, Blödsinn zu reden, Analogien zum Menschen ziehen kann, nämlich zum menschlichen Spracherwerb und -gebrauch. So kann sich auch der Vogelgesang über die Jahre im Klang schlicht so verschieben, dass die älteren Töne für aktuelle Zeitgenossen uninteressant werden. Die ersten gesicherten Ergebnisse dazu veröffentlichte die Biologin Elizabeth Derryberry im Jahr 2010. Derryberry hatte in Nordkalifornien einer Population von zwanzig nebeneinander in angrenzenden Territorien singenden Dachsammern Gesänge aus derselben Region vorgespielt, die teilweise dreißig Jahre alt waren, mit dem Ergebnis, dass die aktuellen Sänger auf die älteren Gesänge kaum bis überhaupt nicht reagierten. Spielte sie den Reviersängern aber aktuelle Lieder vor, wurden diese nervös und begannen nach dem vermeintlichen Eindringling zu suchen, wie sie es auch bei „richtigen“

Konkurrenten tun würden. Derryberry hatte ihre Gesangskonserven aber nicht nur Männchen, sondern auch Weibchen vorgespielt. Auch da waren die aktuellen Varianten wesentlich beliebter als die alten Töne, mit dem Unterschied, dass die Weibchen auch auf die alten Töne reagierten, die neuen aber wesentlich schneller zu den artüblichen Gesten des Paarungsaufrufs führten: mit gewölbten Rücken, erhobenem Schwanz und Schnabel flatterten sie einladend mit den Flügeln. Offensichtlich waren sie sich weniger sicher als Dachsammerhähne, dass vom Alten nicht eventuell doch eine Attraktion ausgehen könnte.

Derryberry hatte mit diesen Versuchen als erste gezeigt, dass sich Vogelgesänge nicht nur lokal innerhalb einer Art unterscheiden können – ganz ähnlich wie unsere Dialekte –, sondern sich über die Zeit auch so verändern, dass sie wahrscheinlich unattraktiv und von Nachfahren entfernter Generationen kaum mehr verstanden werden.

Flötenvogel oder Australian Magpie – Es gibt Gedächtnisauffrischungen, die besonders intensiv wirken, weil ihre Quelle so vertraut ist, wie ihre Anrufung unerwartet. Nachdem die Flötenvögel in Australien während der verheerenden Buschbrände von 2019 gelernt hatten, die Feuer-, Löschfahrzeug- und Ambulanzsirenen in Sound und Lautstärke genau nachzuahmen, versetzten sie die Menschen, als die Feuer nicht mehr brannten, immer wieder kurz in Angst und Schrecken. Zum Glück folgte auf die Rufe der Vögel kein Rauch, zum Gesprächs- und Medienthema wurden sie dennoch.

Das hatte verschiedene Gründe. Denn dass Vögel in ihrem Gesang die Zerstörung ihrer Umwelten dokumentieren, ist in Australien nicht neu. Prachtleierschwänze, Vögel, die nur in den Wäldern Australiens leben, haben um die Geräusche der Waldzerstörung durch Holzfäller ganze Symphonien gewoben und tradiert – immer auf dem neuesten Stand der Technik von der Axt bis zur Kettensäge. Flötenvögel sind aber wirkungsvoller, sie kommen überall in Australien vor und ihr Sound gehört auch deshalb zum Land wie Kylie Minogue und Nick Cave, weil sie oft aktiv die Nähe zu Menschen suchen.

Eigentlich heißen sie Australian Magpies, weil sie die europäischen Siedler wegen ihrer Größe und der schwarz-weißen Färbung an Elstern erinnerten. Zu einem der angesehensten Singvögel Australiens wurden die Magpies, wie man sie heute dort nennt, aber durch ihre harmonischen Dauertöne, die ein berühmtes Gedicht mit „Quardle oodle ardle wardle doodle“ und ein Kinderbuch als „Waddle giggle gargle paddle poodle“ beschreibt, was englisch ausgesprochen den Tönen sehr nahekommt. Da Magpies alle möglichen Töne in ihre Lieder einbauen, Rufe anderer Tiere und auch Umgebungsgeräusche, kann es sein, dass sie einem den Sound des alten, lange ausrangierten Kühlschranks noch Jahre später nachtragen.

Das alles hat, neben ihrem für Singvögel ungewöhnlich hohem Alter – Magpies können 25 bis 30 Jahre alt werden – dabei geholfen, dass es

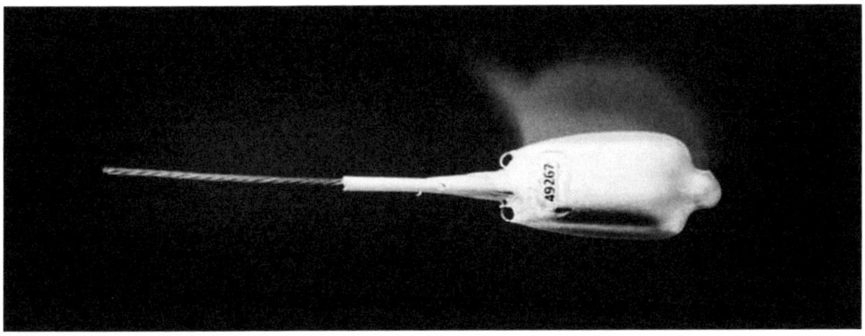


Magpie Tracker, 2024

überall in Australien enge Bindungen zwischen den Vögeln und den Menschen gibt. Hinzu kommt noch, dass sie, wenn sie Vertrauen gefasst haben, auch ihren Nachwuchs und ihre neuen Vogelfreunde den Menschen vorstellen und sie in deren Welt einführen. Auch deshalb gehören sie zu den am besten erforschten Vögeln überhaupt.

Magpies leben, wenn sie sich fortpflanzen, streng territorial und festverpaart, schaffen es aber nur in Gruppen Nachwuchs großzuziehen, was Eigenarten von vermutlich noch größerer Reichweite mit sich bringt. Welche Vögel zu einer Gruppe gehören, lässt sich leicht an einem Verhalten namens *Coralling* beobachten. Dabei fängt ein Vogel mit gestrecktem Hals, zum Himmel gerichtetem Schnabel und nach hinten geklappten Flügeln an, laut und undeutlich zu rufen und alle anderen Vögel fallen in den Ruf ein, bis ihre Stimmen zu einem

Chorus anschwellen. Diese Form des gemeinsamen Rufens ist eine der wirksamsten Arten, das Territorium zu verteidigen. Schwieriger wird es allerdings, das dominante, für die Fortpflanzung zuständige Paar zu identifizieren.

Die Differenz zwischen dem soziologischen Vater, also dem, der bei Brut und Aufzucht hilft, und dem biologischen Vater, von dem die Gene kommen, ist bei Magpies wie bei vielen australischen Vögeln hoch. Das heißt die Weibchen paaren sich wahrscheinlich gewohnheitsmäßig nicht nur mit ihrem Partner. Bei Magpies kommt aber noch ein Phänomen hinzu, das bis dahin nur Männchen zugeschrieben wurde. Manche Weibchen legen ihre Eier nicht nur ins eigene Nest, sondern schieben sie auch Nachbarn unter. Sie sind Kuckuck und Selbstbrüter in einem. Genetisch kann es also passieren, dass Eltern ein Küken großziehen, an dem sie beide keine Anteile haben. Für die Aufzucht spielt das keine Rolle, weil Magpies zu den wenigen Vögeln gehören, die ihre Küken ohne Bevorzugung der Reihe nach füttern, bis alle satt sind.

Viele Magpies ziehen aber auch, ohne sich fortzupflanzen, in Gruppen durch die Gegend und stehen dabei manchmal stundenlang leicht gekrümmt an Bäumen, die sie mit ihren Schnäbeln zu streicheln scheinen.

Kea – Bilder von „rodelnden" Krähen, die die Dächer schneebedeckter Autos nutzen, um von oben über die Windschutzscheibe und den Kühler herunterzurutschen, wieder hochzufliegen und das Ganze zu wiederholen, kennt man wahrscheinlich aus allen Gegenden, in denen es noch Schnee, Autos und Krähen gibt. Weniger bekannt sind aber die Schneespiele von krähengroßen Papageien, die in den Südalpen Neuseelands an Skistationen und -hütten in kleineren und größeren Gruppen auftauchen und nicht nur etwas vom Rutschen auf Skipisten verstehen.

Die Vögel, Keas, wissenschaftlich *nestor notabilis* genannt, haben Autofahrer schon dazu gebracht, ihre Seitenfenster zu öffnen und sie ins Auto zu lassen, um ihnen dann das zu stehlen, was ihnen am liebsten ist: ihr Geld. Und um an das Geld oder andere Gegenstände zu gelangen, die Fahrern oder Vögeln lieb sind, was sich nicht so genau

Coco and Kitty in Peace, 2024

unterscheiden und sagen lässt, sah man die Vögel schon Bergstraßen sperren und dann die haltenden Autos eines nach dem anderen abfliegen.

Wie so eine Straße mit den notwendigen Straßenkegeln gesperrt oder der Platz ausfindig gemacht werden kann, an dem Menschen ihr Geld bunkern, haben die Vögel vorher in oft langen Prozessen mehr spielerischen als ernsten Beobachtens gelernt. Wobei man wirklich nicht sagen kann, ob dieses spielerische Lernen oder lernende Spielen der Vögel zuerst eine Auseinandersetzung mit den jeweiligen Umwelten ist oder reiner Selbstzweck. Ein Selbstzweck allerdings, der beim Spielen im Schnee in den kalten Bergen auch ganz handfeste Vorteile mit sich bringt. So werden durch die Lust am Spiel auch endogene Opioide freigesetzt, die das Risiko, sich zu erkälten und die Kälteempfindlichkeit überhaupt stark vermindern.

Das Leben der Keas ist hauptsächlich von spielerischem Verhalten ausgefüllt – nicht nur im Schnee. In ihrer bis heute grundlegenden Kea-Monografie *Kea, Bird of Paradox* schreiben Judy Diamond und Alan B. Bon, bei den Keas sei das Spielen weniger eine Abfolge ritualisierter Bewegungsformen als vielmehr ein grundsätzliches Verhältnis zur Welt. Diamond und Bond charakterisieren Keas ganz allgemein als eine *open-program-Art*, als eine Art, die weniger nach einer

Ausformulierung genetischer Präskripte lebt, als dass sie sich im Spiel immer wieder neu ihre Umwelten aneignet, genauso wie das Verhalten von Art- und Zeitgenossen. Eine Lebensform, die Vor- und Nachteile hat. So konnten sich Keas wesentlich besser als die meisten anderen Vögel auf die von europäischen Siedlern eingeschleppten Tiere einstellen. Katzen zum Beispiel, die einen flugunfähigen Zaunkönig in Neuseeland vollständig ausgerottet haben und auch für viele andere Tiere gefährlich sind, werden von Keas regemäßig zum Spielen aufgefordert: Sie packen Katzen gerne am Schwanz und nerven sie auch sonst, wo sie nur können. Auch mit den Schafherden kommen die Vögel gut zurecht. Keas essen nicht gern jeden Tag die gleichen Beeren und Nüsse, sie lieben Abwechselung. So kamen sie irgendwann auf den Trick, sich Schafen auf den Rücken zu setzen, durch ihr Fell zu picken und das darunter liegende Fett abzusaugen. Dass Schafe in der Folge häufig an Entzündungen erkrankten oder starben, brachte den Vögeln den Ruf ein, bösartige Killer zu sein. Ein Ruf, den sie mit brutaler Verfolgung bezahlten. Mittlerweile unter Schutz gestellt, werden sie zwar noch immer mindestens ambivalent betrachtet, sind aber in ihren Beständen halbwegs stabil.

Ihre Bedeutung liegt heute, über ihren weiterhin spielerischen Zugriff auf die Welt hinaus, darin, die Biologie für einen Spielbegriff geöffnet zu haben, zu dessen Verbreitung Essayisten wie Montaigne und Kulturwissenschaftler wie Johan Huizinga mehr beigetragen haben als Biologen. Sprachen Biologen lange Zeit nur jungen Säugetieren die Fähigkeit zum Spielen zu, so war es Montaigne, der die Frage stellte, ob es nicht vielleicht seine Katze sei, die mit ihm spiele und nicht er mit ihr. Die „hohle Einbildung“, nach der der menschliche Geist über dem der Tiere stehe, fand Montaigne jedenfalls schrecklich.

Delfine, speziell der Indopazifische Große Tümmler – Lernen, so lehren es alle Lerntheorien, spielt bei der Anpassung vieler Tiere und des Menschen an die Umweltverhältnisse eine überragende Rolle. Denn bei sogenannten „höheren“ Tieren, zu denen bestimmt neben den Menschenaffen Delfine gehören, würden die Lebensformen immer komplexer und damit die erforderlichen Anpassungen immer differenzierter. Stellt sich nur die Frage, wie eine so schlecht an ihre Umwelt angepasste Gesellschaft wie die unsere es schaffen konnte, so lange so erfolgreich zu existieren. Aber das führt zu weit.

Festhalten kann man zumindest, dass auch das Lernen als Überlebenstechnik in der Auseinandersetzung mit den Umwelten seine Grenzen hat, wovon nicht zuletzt der überall zu beobachtende Niedergang der Menschenaffenpopulationen zeugt. Gegen die Verwüstung der Welt können Waldbewohner, seien sie auch noch so begabt, wenig tun.

Mammal's End, 2024

Es gibt aber Beispiele, wie Gesellschaften auf durch den Klimawandel forcierte Umweltveränderungen lernend reagieren. Als in der Shark Bay in Westaustralien nach einer Hitzeperiode 2011 immer mehr Delfine mit riesigen Meeresschneckenhäusern im Schnabel aus dem Wasser auftauchten, war es für die Forscher um die Biologin Sonja Wild und ihren Lehrer Michael Krützen zuerst wahrscheinlich nur einer dieser Momente der spielerischen Virtuosität, mit der jede intensive Tierbeobachtung irgendwann belohnt wird. Und die man später besser für sich behält, weil sie einem sowieso keiner glaubt.

In der Shark Bay waren aber alle, die Forscherin und die Indopazifischen Großen Tümmler, *Tursiops aduncus*, wie die Delfine heißen, auf Überraschungen solcher Art vorbereitet. Bereits 2005 hatte Michael Krützen den bis dahin ersten Werkzeuggebrauch unter freilebenden Delfinen beschrieben. Bei dem als *Sponging* bezeichneten

Verhalten, das man grob mit „Schwammen“ übersetzen kann, legen sich in der Regel weibliche Delfine tierische Schwämme auf den Schnabel. Dabei wirken die Schwämme auf der empfindlichen, Schnabel genannten Schnauze wie ein schützender Handschuh gegen die scharfkantigen Sedimente am Meeresgrund. „Beschwammt“ war es den Delfinen möglich, am Meeresboden zwischen den Gesteinen nach Krebstieren, Muscheln und Tintenfischen zu suchen, ohne sich den Schnabel zu zerkratzen. Wie Krützen zeigen konnte, wurde das Verhalten vor allem innerhalb der Matrilinien, von den Müttern an ihre Töchter weitergegeben. Männliche Delfine hatte noch niemand beim *Spongen* beobachtet und damit gab es Parallelen dazu, was von Primaten, besonders Schimpansen, bekannt war: Die weiblichen Tiere lernen schneller und sind technisch innovativer als ihre männlichen Kollegen. Auch die Lernrichtung bei den Delfinen entsprach dem, was man von vielen Tieren kennt: Die Jungen lernen von erfahrenen Alten.

Delfine lernen aber nicht nur in hierarchischen Bahnen von oben nach unten, sie sind offensichtlich auch in der Lage, im Erwachsenenalter horizontal voneinander zu lernen. Das war das Neue, das die Biologin Sonja Wild nach sieben Jahren Forschung zur einzigartigen Fangtechnik mit den leeren Schneckenhäusern herausfand. Die Technik, Fische in die leeren Häuser zu treiben, die Häuser mit dem Schnabel zu verschließen, nach oben zu tragen, um dann zuerst das Wasser herauslaufen und schließlich die Fische im Rachen verschwinden zu lassen, war alles andere als einfach. Um nur innerhalb der Familie von alt nach jung weitergegeben zu werden, tauchte die neue Fangtechnik bei zu vielen Individuen in zu kurzer Zeit auf. Wild konnte auf Daten aus über 30 Jahren Forschung in der Shark Bay zurückgreifen, die nicht nur die Identifizierung ermöglichten, sondern auch einzelne Lebensgeschichten erfahrbar machten. Sie konnte dadurch auch genau dokumentieren, wie es zum plötzlichen Auftauchen der Schneckenhaus-Technik in der Shark Bay gekommen war.

Während der Hitzeperiode waren im um vier Grad erwärmten Wasser die Seegraswiesen abgestorben, Fische verschwunden und viele große Schnecken verendet. Die dadurch leer gewordenen Häuser hatten die Delfine wahrscheinlich auf die Idee gebracht, mit ihnen alles Mögliche auszuprobieren. Eben auch, Fische in sie hineinzutreiben.

Japan - oder Rotgesichtsmakaken – Adam war kein Japaner. Adams Auftrag, als eine Art Ranger im planetarischen Garten zu fungieren, ausgestattet mit der besonderen Befugnis, seinen Schützlingen Namen zu geben, hat in der japanischen Mythologie keine Entsprechung. Woraus nicht weniger folgt, als dass das Herrschaftsverhältnis des Namenspatrons gegenüber den Tieren und Pflanzen in der japanischen Geschichte nie so eindeutig hierarchisiert war wie im Westen.

Snapshot of a Wildlife Camera No. 3, 2024

In der buddhistischen Tradition werden die Beziehungen zwischen Menschen, Göttern und Tieren uneindeutiger und horizontaler gedacht als in Adams Garten. Man kann sich schließlich nie sicher sein, ob der rotgesichtige Affe, der einem die Hand entgegenstreckt, nicht die Reinkarnation eines womöglich im früheren Leben unlauteren

Menschen ist. Insofern gehören die Affen Japans eher zu einem kulturellen Maskenspiel als zu einer von der Zivilisation getrennten Natur.

Auch deshalb nahm die japanische Primatologie einen anderen Verlauf und setzte entschieden andere thematische Schwerpunkte als die der westlichen Länder. Die japanische Primatologie nahm aber auch grundsätzlich eine Sonderstellung ein. Während die Zentren der nach dem Ersten Weltkrieg entstehenden Primatenforschung mit den Vereinigten Staaten und Großbritannien in Ländern lagen, in denen Affen nicht heimisch waren, konnten die japanischen Forscher ihre Affen vor der Tür antreffen.

Rotgesichts- oder Japanmakaken, *Macaca fuscata*, kommen mit Ausnahme der Insel Hokkaido in ganz Japan vor. Sie leben auch auf kleineren Inseln und besiedeln Berge bis in die Höhe von 3000 Metern. Im Hochland sind sie Schnee und Temperaturen von bis zu minus 15 Grad Celsius ausgesetzt, denen sie, wo sie es können, auch trotzen, indem sie stundenlang in heißen Quellen baden. Wenn sie die Becken verlassen, ist es mit nassem Fell noch kälter und dann hilft nur Bewegung und enges Zusammenrücken. Verständlich also, dass sie lieber in großen als in kleinen Gruppen leben. Wie dieses Leben in den Gruppen von bis zu 200 Tieren aber organisiert und befriedet wird, war der Ausgangspunkt der japanischen Primatologie und ihres bis heute anhaltenden speziellen Interesses. Wobei es die amerikanische Primatologin Pamela J. Asquith und die Historikerin der Primatologie Donna Haraway waren, von denen die japanischen Besonderheiten herausgearbeitet und systematisiert wurden. So hieß der 1991 erschienene Sammelband einer amerikanisch-japanischen Forschungskooperation *The Monkeys of Arashiyama* im Untertitel *Thirty-Five Years of Research in Japan and the West*. Ein Sammelband im Übrigen, der auch die thematischen Pionierleistungen der japanischen Forschung gut dokumentiert. So waren Japaner die ersten, die konzentriert nach dem Verhalten nicht mehr reproduktiver Weibchen fragten, also solcher Tiere, die zu alt zum Kinderkriegen geworden waren und in der westlichen Primatologie bis heute kaum vorkommen. Ganz allgemein teilten die Japaner die westliche Ansicht nie, Verhalten vor allem nach dem Reproduktionsvorteil zu befragen, also danach zu schauen, wer die meisten Kinder in die nächste Generation überträgt.

Die japanische Forschung interessierte das nur am Rande und die Affen kamen ihr da entgegen. Der Fortpflanzungssex ist streng saisonal und die Paarungen beschränken sich auf den Herbst und den Winter, gefolgt von einer Geburtensaison sechs Monate später. Da dieser Sex eher sachlich und kurz vollzogen wird und die Affen zudem noch promisk sind, nimmt er im Leben der Makakengruppe zeitlich einen sehr geringen Anteil ein. In den matrilinear organisierten Gruppen, in denen die Weibchen mit Töchtern und Enkelinnen den Kern bilden, während die Männchen aus anderen Gruppen eingewandert sind, beschäftigen sich die Weibchen aber das ganze Jahr über miteinander. Und diese Beziehungen basieren, über die Verwandtschaft hinaus, auf „gegenseitiger sexueller Anziehung", wie der kalifornische Psychologe und Primatenforscher Paul Vasey schreibt. Einen evolutionären Anpassungswert hat dieses variantenreiche Verhalten nicht, nimmt aber trotzdem mehr Zeit in Anspruch als der Fortpflanzungsakt.

Bambus– Man kann ein ganzes Menschenleben in der Umgebung eines Bambuswaldes verbringen, ohne die Pflanzen auch nur einmal blühen zu sehen. So war es in den Jahren 1969 und 1970, als etwa drei Viertel der Bambusbäume Japans blühten, auch für diejenigen die erste Blüte, die mit dem Bambus täglich zu tun hatten. Denn die vorhergehende Bambusblüte, aus deren Samen die Ende der 1960er Jahre aufblühenden Wälder hervorgegangen waren, lag etwas länger zurück.

Die zumindest für westliche Historiker und Botaniker wichtigste Quelle zur Massenblüte stammt von Matthew Calbraith Perry, dem amerikanischen Kommodore, der im Juli 1853 mit seinem Geschwader der sogenannten „Schwarzen Schiffe" in der Nähe des heutigen Tokio anlandete, um die Öffnung Japans gegenüber dem Westen gewaltsam zu erzwingen. Bedeutend für den hier verhandelten Zusammenhang ist der zeitliche Abstand von etwa 120 Jahren zwischen den beiden Blühperioden.

Der Baum, besser, das Bambusgras, um das es sich handelt, ist die Madake, wie der japanische Name lautet, oder auch der Große Holz-Bambus, wissenschaftlich: *Phyllostachys bambusoides*. Der Große

Holz-Bambus ist aber nicht nur in Japan, sondern auch in China die häufigste Bambusart und von immenser wirtschaftlicher und ökologischer Bedeutung. Aus Bambus werden Möbel, Baugerüste, Angelruten, Spazierstöcke, Fußmatten, Material zum Dachdecken, Zwischenwände, Baracken, Eimer, Ess- und Trinkgeräte, Flöße, Speere, Fischreusen,

Mikado, Hongkong, 2022

Vorhänge, Hüte, Schuhsohlen, Verpackungen und – nicht zuletzt – aus den jungen Trieben Wokgemüse und aus den Blättern Viehfutter hergestellt. Bambus ist damit wahrscheinlich die vielseitigste Nutzpflanze überhaupt. Und zusammen mit anderen Gräsern wie Weizen, Reis und Mais gehört Bambus mit Sicherheit zu den Grundquellen der Zivilisation.

Ein Alleinstellungsmerkmal unter den Zivilisationsgräsern haben die Bambuspflanzen allerdings: Sie sind trotz ihrer vielfältigen Nutzungsmöglichkeiten nie züchterisch bearbeitet, sprich, domestiziert worden. Woran sich bis heute, trotz einiger Versuche von Pflanzengenetikern, die Blühperioden von Bambusarten zu manipulieren, wenig geändert hat. Das hat natürlich mit den riesigen Abständen zwischen den Blühphasen und ihrer extremen Synchronisation zu tun, deren Wirkmechanismus bis heute nicht verstanden wird.

Was man seit der letzten Blüte des Großen Holz-Bambus aber weiß, ist, dass die Pflanzen komplett unabhängig von klimatischen Bedingungen, der Sonneneinstrahlung oder der Temperatur überall auf der Welt gleichzeitig zu blühen beginnen.

So blühten die Ende der 1960er Jahre bereits nach England, Alabama und Russland verbrachten Bambuspflanzen zeitgleich mit ihren Artgenossen in China und Japan und starben nach der Blüte genauso ab. Auch das ist ein Merkmal von Bambus. Viele Bambusarten blühen nur einmal im Leben und sterben dann. Die Pflanzen vertrocknen und zerfallen. Vom Bambuswald bleibt nichts mehr übrig. Das macht den Schock verständlich, in den die bambusverarbeitende Industrie in Japan – aus China liegen für diese Zeit kaum Quellen vor – nach der letzten Blüte verfiel. Denn bis ein Bambuswald, in dem alle Pflanzen im Unterschied zu unseren Wäldern immer gleich alt sind, sein ausgewachsenes Ausmaß wieder erreicht hat, können bis zu zehn Jahre vergehen.

Warum aber sind die Blühperioden von Bambusarten so lang? Über die Gründe gibt es bislang nur Spekulationen, von denen eine besagt, dass die Pflanzen damit ihre Fressfeinde austricksen. Wenn Bambus fruchte, schreibt der Botaniker Ewald Weber in seinem wunderbaren Werk *Das kleine Buch der botanischen Wunder*, stelle sich eine Fressorgie sondergleichen ein, denn es regne förmlich Nahrungspakete von den Pflanzen und der Bambushain werde zu einem Schlaraffenland.

Bis zu 15 Zentimeter dick kann der Boden mit Samen bedeckt sein und das lockt viele Esser an. Pestratten, Bambusratten, Sumpfratten, Kaffeeratten, Grasmäuse, Stachelschweine, Wildhühner, Fasane, Webervögel und Wildschweine fallen in die Wälder ein und schlagen sich den Bauch voll. In Bambusblüten bringen manche Mäuse und

Ratten mehr Junge zur Welt als üblich und die werden dann auch noch schneller geschlechtsreif, bis das böse Erwachen kommt. Denn nach der Blüte wird mit den vergehenden Pflanzen Schmalhans Küchenmeister und die Tierpopulationen brechen erbarmungslos ein. Auf das Übermaß folgt der Hungertod. Die Pflanze, sagt die Theorie, reguliere so auf gemeine Art den Bestand ihrer Feinde.

Flechten – Als 1869 der Botaniker Simon Schwendener seine duale Hypothese der Flechten veröffentlichte, war das nicht nur für die Biologen seiner Zeit zu viel. Zehn Jahre nach dem Erscheinen von Charles Darwins revolutionärem Hauptwerk, demzufolge neue Arten dadurch entstehen, dass sich alte Arten auseinanderentwickeln, behauptete Schwendener, dass Flechten aus dem Zusammenwirken von zwei Arten hervorgehen, die nicht einmal miteinander verwandt sind: Pilz und Alge.

Der Pilz sorge, schrieb Schwendener, innerhalb der Flechten für physischen Schutz und nehme Nährstoffe für sich und die Algen auf, während die Algen im Flechtenkörper für die Aufnahme von Licht und Kohlendioxid zuständig seien, aus denen sie die energieliefernden Zuckermoleküle herstellten. Ganz geheuer muss Schwendener seine Entdeckung dieser Zusammenarbeit aber nicht gewesen sein, denn den Pilz erklärte er zum Parasiten, „allerdings mit der Weisheit eines Staatsmannes“ und die Algen als Sklaven, die von den Pilzen in ihren Dienst gezwungen worden seien. Das ging den Zeitgenossen zu weit. Für sie war nicht nur unverständlich, dass Parasitismus in diesem Fall nützlich und belebend sein sollte, sie konnten auch nicht an die Kooperation verschiedener Arten glauben, aus der dann auch noch Neues entstanden sein sollte.

Der Verdacht der „romantischen Sensationsmache“, die ein Kritiker Schwendener unterstellte, ist bis heute nicht von der Beschäftigung mit Phänomenen der Kooperation, wie sie in Flechten vorkommen, abgefallen. Es ging dabei – und geht immer noch – um aktuelle Fragen zu Individuum und Identität. Was ist das eigentlich, ein eigenständiges Individuum und wo hört ein Organismus auf und beginnt ein anderer?

Die Botanik reagierte ziemlich schnell auf das, was sie an den Flechten beobachten konnte. 1877 erfand der Botaniker Albert Frank das Wort Symbiose für die Gemeinschaft von Algen und Pilzen in den Flechten und verstand darunter schlicht „das Zusammenleben unterschiedlich benannter Organismen“. Ohne begriffliche Vorannahme, welcher Art die Beziehung in den Flechten sei, konnte sich um das Phänomen eine Theorie und Empirie der Symbiosen entfalten, die immer im Gegensatz zum harten Darwinismus stand, nachdem nur Konflikt und Kampf das Überleben der Stärksten, Schnellsten und Schlauesten sichern konnten.

Giverny in Tréogat, 2024

Und wozu Darwinisten fähig sind, wenn sie auch noch Professoren heißen, konnte man dann ab 1967 studieren, als die US-amerikanische Biologin Lynn Margulis begann, Symbiosen systematisch als jene Kraft zu verstehen, die in der Evolution die meisten Neuerungen hervorbringt. Keine der üblen Nachreden, mit denen man Margulis über Jahrzehnte verfolgte, ist der Erwähnung wert, sie zeigen aber deutlich, dass auch in den Wissenschaften Ideologien wirken, die Kampf und Konkurrenz als alleiniges Lebensprinzip behaupten. Dabei hatte Margulis, die

Darwin sehr genau gelesen hatte, ihre Theorie nicht als Widerlegung des großen Evolutionisten verstanden, sondern als Ergänzung. Mindestens ebenso viele Phänomene des Lebendigen sind ihr zufolge aus Kooperationen über Artgrenzen hinweg entstanden wie durch Kampf und Konkurrenz.

Und im Fall der Flechten war es schon die schiere Menge, die für Margulis sprach. Bis zu acht Prozent der Erdoberfläche sind mit Flechten verkrustet und ihre Biomasse ist größer als die aller Lebewesen in den Ozeanen zusammen. Sie wachsen auf Bäumen, Dächern, Zäunen, Klippen und Wüstenböden. Selbst in der eisigen Hölle trockener Täler in der Antarktis wuchern sie auf kahlen Felsen. Dabei klammern sich die Algen, die unter der Schutzschicht aus Pilzen wachsen, an den nackten Fels und breiten sich auf ihm aus. In der Folge entziehen die Flechten dem Fels seine Mineralstoffe, brechen mit der Kraft des Wachstums seine Oberfläche auf und lassen ihn verwittern. Letztlich bereiten sie so den Boden auf, in den dann Pflanzenwurzeln eindringen können, um zu Wiesen, Büschen und Wäldern heranzuwachsen.

Die gewöhnliche Schuppenwurz – Mit den länger werdenden Tagen und der wärmer scheinenden Sonne beginnen in unseren Zeiten und Breiten nicht nur die Amseln früh zu singen, auch in den Pflanzen rumort es. Bereits im Februar kann man in Pflanzen wie Haselsträuchern, Erlen, Pappeln und Weiden, die in gut durchfeuchteten Böden wachsen, aufsteigende Saftströme nachweisen, die über die Wasserleitbahnen der Pflanze den Zweigen ihre Reservestoffe zuführen. So können die Pflanzen die ersten neuen grünen Blätter austreiben und sich, soweit vorhanden, Blütenkätzchen öffnen.

Um den erhöhten Stoffansprüchen der sprießenden Pflanzen gerecht zu werden, muss der Transpirationssog, der das Wasser aus den Böden über die Wurzeln, den Stamm und die Äste zu den grünen Blättern führt, aus deren Spaltöffnungen die Feuchtigkeit schließlich verdunstet, besonders hoch sein und durch nichts unterbrochen. Im noch nicht sehr ausgeprägten Schatten der Erlen und Haselsträucher erscheinen bereits im März und April merkwürdig blass rosafarbene Stängel mit ebenso weißlich, schmutzig rosafarbenen Blüten, die alle

Toothwort, 2024

in eine Richtung zeigen. Dabei haben die Stängel und rachenförmigen Blüten überhaupt nichts Grünes.

Und das Fehlen jedes Grüns an den mit etwas Erdaufwurf aus der Erde drängenden Stängeln, ist ein Ausdruck ihrer parasitischen Lebensform. Denn Blüten wie Stängel gehören zur Gemeinen Schuppenwurz, wissenschaftlich *Lathraea squamaria*, und sind nur die kurzzeitige Erscheinung einer sonst eher unsichtbaren Pflanze. Der Botaniker Ewald Weber spricht deshalb in seinem schönen *Kleinen Buch der botanischen Wunder* vom „geheimen Leben" der Schuppenwurz.

Geheim, im Sinn von unterirdisch, ist der größte Teil des Lebens der Schuppenwurz tatsächlich. Ihren Namen hat die Pflanze von den dicken fleischigen, weißlichen und schuppigen Blättern, die die Ausläufer des ausufernden Wurzelwerks bedecken und die ohne jedes Blattgrün auskommen müssen. Die Wurzelausläufer liegen waagrecht im Boden und sind Teil eines bis zu zwei Meter langen Wurzelwerks, das die Wurzeln der Wirtspflanze umgibt „wie Efeu, das einen Eichenstamm bedeckt", wie Ewald schreibt. Die Schuppenblätter dienen als Speicher der Stärke, die von der Wurz wie alle anderen Stoffe, die sie zum Leben braucht, den Erlen und Pappeln entnommen wird, deren Wurzeln sie umwächst.

Weil Schuppenwurze die Stärke und andere Stoffe in ihren Wurzeln und Rhizomen speichern können, genügt es ihnen auch, nur die Wasserleitbahnen der Wirtspflanze anzuzapfen, ohne deren Siebelemente anzugreifen. Sie müssen dann nur dafür sorgen, dass ihr Sogsystem stärker ist als jenes der Wirtspflanze und das ist schwierig genug. Denn ohne Blattgrün gibt es auch keine grünen Blätter und ohne grüne Blätter keine Spaltöffnungen, aus denen das Wasser aus der Pflanze ausweichen könnte, um den Transpirationssog aufrecht zu erhalten.

Schuppenwurze haben zur Lösung dieses Wassersogleitproblems eine Art Sonderanpassung entwickelt. Auf den Stängeln und Wurzelausläufern haben sie kleine Blättchen, die aktiv andauernd Wasser auspumpen. Diese Wasserdrüsen halten die Saugspannung innerhalb der Pflanze in Gang, indem sie Wasser in den Boden entlassen. Sie brauchen aber viel Kraft und die ziehen sie aus den Stärkereserven in den Schuppenblättern.

Das alles findet unterirdisch statt und ist noch nicht das ganze Leben der Pflanze in der Erde. Weil die Pflanze in kälteren Jahren weder Stängel noch Blüten an der Erdoberfläche ausbildet, dachte man lange, dass sie nur sehr selten, jedenfalls nicht regelmäßig blüht. Das stimmt so nicht. Die Pflanzen blühen auch in kälteren Jahren, nur tun sie es dann unterirdisch. Die Blüten wachsen aus dem Wurzelstock, ohne sich zu öffnen. Das wäre auch vergebens, denn ein Bestäuber wird kaum im Boden vorbeigeflogen kommen. Dem Problem der fehlenden Befruchtungshelfer weichen die Pflanzen durch Selbstbefruchtung aus. Dass es sich bei der Selbstbefruchtung in der Erde nur um eine Notlösung in schlechten Wetterjahren handeln kann, wird schon dadurch klar, dass die Verbreitung der Samen in der Erde sehr eingeschränkt bleibt.

Die Samenverbreitung wie die Wirtsfindung bleiben aber auch ohne Selbstbefruchtung Probleme der Pflanze. Auf die unregelmäßigen und wetterabhängigen Blühmöglichkeiten reagieren Schuppenwurze mit einer dicht gedrängten, vielzähligen Samenproduktion in den Blüten. Die Fruchtkapsel einer Blüte kann um die 100 Samen enthalten, die durch Wind, Wasser oder Ameisen in die Welt getragen werden. Mit der Verbreitung selbst, ist aber nur ein Anfang gemacht.

Wie aber finden die Samen die richtigen Wurzeln ihrer Wirtspflanze, ohne an einer Fichte oder Buche zu verhungern oder erst gar nicht zum Leben zu erwachen? Und damit ist man in einem Bereich der Pflanzenwahrnehmung, der teilweise extensiv erforscht wird. Ob sie die Wurzeln „riechen“ können, ist noch ungewiss. Bestimmt weiß man aber, dass jede Pflanze im Austausch mit dem Boden ihr eigenes spezifisches Milieu erzeugt. Die Botaniker haben dafür das schöne Wort der Rhizosphäre gefunden und die wird ein Samen der Schuppenwurz identifizieren können, um an der richtigen Pappel anzudocken.

Regenwurm – Früher war der August für Regenwürmer ein schöner Monat. Die Amseln, die schon mit dem verschwindenden Frost zu Jahresbeginn begonnen hatten, Regenwürmer unter allem Muskeleinsatz aus dem Boden zu zerren, lagen meist nur noch zerzaust im Gras. Die zwei bis drei Bruten, die sie bis in den Spätsommer großgezogen hatten, waren so kräftezehrend gewesen und hatten sie so erschöpft, dass sie ihre geschundene Haut am liebsten von Ameisen „einemsen" ließen, auf dass die Säure der Insekten sie entspanne. Dazu war noch alles hell „und die Erde für Spaten leicht", wie es bei Gottfried Benn einmal hieß. Dadurch wurde den Würmern der eine Teil ihrer Arbeit, die Durchlüftung der oberen Erde, erheblich erleichtert.

Heute sind die Amseln zwar immer noch völlig fertig im August aber die katastrophale Insektenlage hat ihnen noch mehr zugesetzt. Amseln, die – wie fast alle Singvögel – auf Insekten als Nahrung angewiesen sind, um ihre Jungen zu ernähren, würden sich aber auch über jeden Regenwurm freuen, wenn sie ihn denn haben könnten. Die Regenwürmer aber meiden die in der Trockenheit hart gewordenen oberen Schichten der Erde, selbst in der Stadt, was nicht nur für Amseln ein Problem geworden ist. Auf dem Land macht es die über Jahrzehnte von haushohen Treckerreifen zusammengepresste Erde den Würmern schon länger fast unmöglich, sich durchzuackern. Und das lässt den Titel von Charles Darwins 1881 erschienener Monografie über Regenwürmer, deren deutscher Titel *Die Bildung der Ackererde durch die Tätigkeit der Würmer* das Thema angibt, langsam obsolet werden. Darwin ging es in seinem Buch auch darum zu zeigen, wie die Humusschicht der Erde fast immer konstant dick bleibt und in dieser äußerlich gleich scheinenden Menge nur durch die andauernde Tätigkeit der Würmer erhalten wird.

Regenwürmer fressen sich buchstäblich durch die Erde hindurch. Sie leben in zweierlei Gangsystemen. Das eine durchzieht die oberflächennahe Humusschicht in alle Richtungen, das andere dringt senkrecht nach unten in die Erde ein. Es kann je nach Wurmart bis zu acht Meter tief sein. Dorthin ziehen sich die Würmer bei ungünstigem Wetter wie Kälte oder anhaltender Trockenheit zurück. Wobei im Gras an Würmern zerrende Amseln immer noch ein Hinweis auf die

Oberflächenarbeit der Würmer sind. Regenwürmer können sich dem Schnabelgriff zwar in gewisser Weise widersetzen, in dem sie sich versteifen und mit den wenigen Borsten, die sie haben, in die Erde haken, müssen dabei aber oft ihr Körperende abgeben, was nicht so schlimm ist. Ihr gutes Regenerationsvermögen ermöglicht es ihnen,

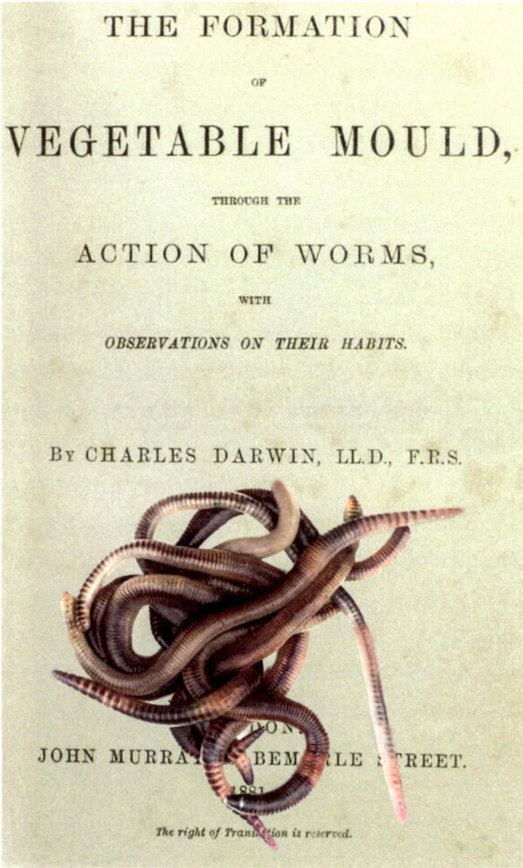


Montage of Dust Jacket, 2024

das Hinterteil nachzubilden. In nicht wenigen Fällen regenerieren sie dann zwei Hinterenden, seltener auch mal zwei Köpfe. Es handelt sich jedenfalls nicht um „gefährliche“ Mutationen, sie sind völlig „normal“ und behindern die Regenwürmer nicht bei ihrer Tätigkeit.

Bei der Aufzählung der Eigenschaften des Regenwurms kann einem schon allein deshalb mulmig werden, weil es nur „Nützliches“ zu berichten gibt. In der Tiefe aufgenommene Erdpartikel werden vom Regenwurmmagen so zerkleinert, dass sie oben abgegeben, die Wasserkapazität des Bodens verbessern und zugleich seine Minerallöslichkeit steigern. Mit der durch die vertikalen Gänge gelockerten Struktur der Erde, die auch die Durchlüftung sichert, wird ein Milieu des Stoffaustauschs geschaffen, das die Fruchtbarkeit steigert. Regenwürmer zermahlen aber nicht nur Mineralbodenteilchen, der Gemeine Regenwurm ernährt sich auch von organischen Substanzen. Gegen Abend kommen die Würmer dazu an die Öffnung ihrer Röhren und suchen nach Blättern. Wenn sie fündig geworden sind, saugen sie sich daran fest und schleppen sie in die Gänge zurück. Die von ihrem Speichel zersetzten Blätter werden dabei nicht nur mit allen möglichen Bakterien vermischt, sie gehen in ihrem Darm auch Verbindungen mit Mineralien ein. Diese sogenannten Ton-Humus-Komplexe sind ein Bestandteil des milden Humus, der den Boden zur höchsten Güte bringt. Darwin hat mehrere Experimente zum Blatteinzugsverhalten gemacht, die ihn zu dem Schluss gelangen ließen, dass Intelligenz auch bei „niederen“ Würmern vorhanden sei.

Maulwurf – Man spekuliert bestimmt nicht zu viel, wenn man Gottfried Benn unterstellt, dass er am 3. April 1944 nicht nur in seinen Gedanken etwas ziellos vor sich hinlebte. Am selben Tag hatte Benn seinem Lebensbriefpartner, dem Kaufmann Friedrich Wilhelm Oelze geschrieben, dass seine Gedankenarbeit eigentlich die Tätigkeit eines Maulwurfs sei. „Man bohrt sich ein“, schrieb Benn, „wirft Erde heraus, weiß gar nicht, wohin die fliegt, weiß in keiner Weise, wohin der Gang führt – man buddelt und verschwindet –, nur hat man nicht so ein schönes glänzendes Fell, sondern wird trocken u. schäbig, niemand wird sich einen Schulterumhang aus einem machen“.

Aber immerhin war Benn an diesem Tag in der Isolation seiner Wehrmachtsstellung in Landsberg an der Warte, die er gegenüber Oelze feierte, nicht so allein, wie er meinte. Mit der Wahl der Maulwurfswühlarbeit als Bild für die Geistestätigkeit hatte Benn sich in eine lange Reihe gestellt, die von Hegel zu Marx weit über Benn hinaus bis in unsere Tage reicht. Hegel war der erste, der explizit in seinen Vorlesungen zur Geschichte der Philosophie das blinde, richtungslose Wühlen der Maulwürfe als Metapher für den Geist einsetzte. Damit hatte er die Situation des Geistes weit über die buchstäbliche Radikalität des „An-die-Wurzeln-gehens“ hinaus verschärft. Der Geist wehte jetzt nicht mehr, wo und wohin er wollte, er wehte überhaupt nicht mehr, er wühlte.

Mit dem Elementwechsel von der Luft in die Erde hatte Hegel dem Geist aber auch das ihm bis heute anheftende zersetzende Element mitgegeben. Denn wie soll man noch in aller Ruhe auf der Erde gehen und stehen können, wenn der Boden andauernd und unvorhersehbar unterwühlt werden kann? Genau, das geht eigentlich nicht und verschärfend war noch hinzugekommen, dass der Geist aktuell geworden war. Er war nicht mehr die Eule der Minerva mit ihrer ewigen Verspätung und er war auch nicht mehr der Blitz, der Donner und Feuer erhellend zuvorkommt. Der Geist wühlte jetzt, genau zu diesem Zeitpunkt.

Es war also kein Wunder, dass Karl Marx dieses Geistesbild Hegels gut gefiel. Marx musste es nur noch vom Kopf auf die Füße stellen, wie es immer so schön heißt, um die Geistesarbeit in der täglichen Wühlarbeit des Revolutionärs konkreter und körperlicher werden zu lassen. Und doch, bei Marx wie bei Hegel, ist die Arbeit des Maulwurfs zwar subversiv, aber trotzdem zielgerichtet. Sie wird mit dem Ausbruch ans Licht vollendet, wenn die „Sphären der vollendeten Vernunft“ erreicht sind.

Und natürlich hinterlassen die realen Maulwürfe auch weiterhin auf gepflegten von Wohlstand und Reichtum zeugenden Rasen- und Golfplatzflächen die kleinen Erdhügel als Zeichen ihrer fortschreitend den Grund durchlüftenden Arbeit. Allerdings gibt es bis heute keinerlei Anzeichen, dass sie ihr Reich, den Boden, verlassen wollen, um ans Licht oder zur Sonne zu streben. Zudem ist ihr Radius in den entwickelten Gesellschaften immer kleiner geworden und damit auch ihre Zahl, wodurch die Nachhaltigkeit ihrer subversiven Wühlarbeit stark beeinträchtigt ist. Maulwürfe haben aber immer noch ein paar Vorteile bei ihrer Grabarbeit. So machen ihnen Kälte und Winter nichts aus.

Sie bleiben in ihren unterirdischen Tätigkeiten weitgehend unabhängig von den klimatischen Bedingungen an der Oberfläche.

Europäische Maulwürfe sind Tag und Nacht, im Sommer wie im Winter tätig. Ihr Leben verläuft im Wechsel zwischen kurzen Ruhepausen und aktiven Zeiträumen des Grabens und Jagens. Manchmal schlafen sie auch länger und tiefer, bleiben aber unabhängig vom Tag-Nacht-Wechsel. Ihre Grabbewegungen ähneln denen von Brustschwimmern. Dabei werden die Grabschaufeln vor den Kopf geführt und dann nach außen geschoben. Sie graben also nicht von vorn nach hinten, sondern zur Seite. Beim Bau von Oberflächengängen legen sie

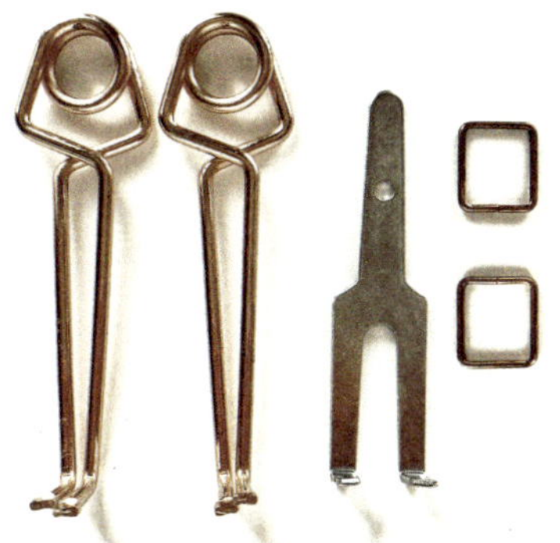

Mole Trap, 2024

sich von Zeit zu Zeit auf die Seite und drücken mit einer waagrecht gehaltenen Pfote die Erde nach oben. So entsteht der bekannte Maulwurfshügel.

Auf der Suche nach Regenwürmern, denen sie gerade jetzt in tiefere Erdschichten folgen müssen, hilft ihnen eine Fähigkeit, die sie bisher unter den Säugetieren einmalig macht. Wie amerikanische Forscher erst kürzlich herausfanden, können Maulwürfe stereoriechen. Obwohl ihre Nasenlöcher sehr eng zusammenliegen, sind sie in der Lage, auf kürzere Distanzen durch die minimalen Differenzen zwischen beiden Nasenlöchern, Nahrung so genau zu orten, dass sie zumindest Regenwürmer nie verfehlen. Gerade jetzt wird ihnen das sehr gut gefallen. Im Winter legen Maulwürfe in ihren Bauten Speisekammern an, in denen sie Regenwürmer und Engerlinge sammeln. Maulwürfe fressen jeden Tag so viel wie sie selbst wiegen. Das sind etwa 120 Gramm. Man fand in einer Speisekammer eines Maulwurfs 1280 Regenwürmer mit einem Gesamtgewicht von zwei Kilogramm.

Glühwürmchen oder Leuchtkäfer – Pier Paolo Pasolini hat im Februar des Jahres 1975, acht Monate vor seinem gewaltsamen Tod, für die Zeitung *Corriere della sera* einen Text mit dem Titel *Von den Glühwürmchen* verfasst. Darin teilte Pasolini die italienische Geschichte nach dem Zweiten Weltkrieg in drei Phasen ein: in die Zeit vor dem Verschwinden der Glühwürmchen, die Zeit während des Verschwindens der Glühwürmchen und die Zeit nach dem Verschwinden der Glühwürmchen.

Der Hintergrund war, dass Anfang der sechziger Jahre in Italien aufgrund der Luft- und Wasserverschmutzung vor allem auf dem Land die Glühwürmchen begannen zu verschwinden. Eine Sache die, wie Pasolini schreibt, „in blitzartiger Geschwindigkeit vor sich ging". Ein paar Jahre später, so um 1965, gab es keine Glühwürmchen mehr. Dafür tauchte aber ein neues politisches Phänomen auf, das Pasolini den „hedonistischen Faschismus" nannte. Die alten nationalisierten bäuerlichen „Werte" wie Kirche, Vaterland, Familie, Gehorsam, Ordnung, Sparsamkeit und Moral waren den Hedonisten nicht mehr so wichtig, dafür predigten sie das hemmungslos lustige Leben auf Kosten anderer, eben auch der Glühwürmchen. Was Pasolini 1975 als einen neuen Faschismus heraufkommen sah, sollte ein paar Jahre später Silvio Berlusconi dann wirklich praktizieren. Neu an Pasolinis Text war auch, dass er das politische Geschehen in Italien mit einer ökologischen Katastrophe, dem Verschwinden einer fast als mythisch verehrten Käferart, verknüpfte.

Glühwürmchen ist nur ein vor allem in Europa geläufiger Name für Leuchtkäfer, die so heißen, weil sie über Leuchtzellen verfügen, mit denen sie, zentralnervös gesteuert, ein Leuchten und Blinken erzeugen. Die Körperhaut über den immer auf der Bauchseite der Käfer liegenden Leuchtzellen ist glasartig durchsichtig und wirkt wie ein Fenster. Ein Fenster, durch das sie die Signale senden, mit denen Männchen und Weibchen zusammenfinden. Und das tun die Käfer in den verschiedensten Farbtönen und Blinkrhythmen. Dabei können die Farbtöne auch zu Markern der Regionen werden, in denen die verschiedenen Arten vorkommen. Tropische Leuchtkäfer senden ein eher rotes Licht, während in Japan zum Beispiel bläuliches Licht erzeugt wird. Bei den drei hierzulande vorkommenden Leuchtkäferarten – vor allem der Große und der Kleine Leuchtkäfer sind in südlichen Gegenden noch nennenswert verbreitet – senden die Weibchen ein sanftes gelbgrünes Dauerlicht, das die Männchen anlockt. Dabei ist die Leuchtkraft so stark, dass noch zerdrückte Käfer einige Zeit lumineszieren und Frösche, die zu viele Leuchtkäfer gefressen haben, selbst zu leuchten beginnen.

Im Unterschied zum Dauerlicht der hiesigen Leuchtkäfer senden viele tropische asiatische und amerikanische Arten kurze blinkende Lichtsignale, die dem menschlichen Auge im Dunkeln wie ein Lichtstreif erscheinen. Wenn dann an einem Berghang oder einem Flussufer

Lychnobite, 2024

Tausende von kleinen Lichtern gleichzeitig aufblitzen und im nächsten Moment wieder erlöschen, kann man das zurecht ein Naturschauspiel nennen. Länge und Rhythmus der Signale sind in dem Schauspiel artspezifisch und ihre Intervalle konstant. Was aber nicht heißen muss, dass man sich bei aller Wiederholungskonstanz der Signale auch auf die immergleichen Antworten verlassen kann. Manche amerikanischen Leuchtkäferweibchen reagieren nur bis zur Kopulation auf die Antwortblitze der Männchen freundlich, danach fressen sie die ankommenden Männchen einfach auf. Leuchtkäfer ernähren sich je nach Art von Insekten, Würmern und Schnecken. Manche Weibchen haben bei der Suche nach Beute eine Taktik entwickelt, die direkt mit dem Lichtsignalspiel zusammenhängt. Sie ahmen den Blinkrhythmus anderer in ihrem Gebiet lebender Leuchtkäferarten nach, allerdings nicht, um sich mit deren Männchen zu paaren, sondern um sie zu fangen und zu essen. Solchen Weibchen gab man auch den Namen „Femme Fatale Fireflies“.

Lachmöven – Als Gilles Deleuze einmal sagte, dass er Adelige und Tiere besonders schätze, weil sie Zeichen um Zeichen sendeten, ohne kommunizieren zu wollen, brachte er damit seine Vorliebe für Marcel Proust wie die Verhaltensforschung, die klassische Ethologie, zum Ausdruck. Dabei hatte es Deleuze neben den Tönen und Bewegungen der Tiere auch der Signal-Charakter der Körperfarben von Fischen und Vögeln angetan. Denn wie soll so ein „Plakat-Zeichen“, das kaum veränderlich auf dem Körper eines Fisches oder am Kopf eines Vogels festsitzt und sagt „Bleib weg, weil ich schon hier bin!“, in den Dienst innerartlicher Umgangsformen gestellt werden, ohne seinen eindeutigen Hinweis „Bleib weg!“ abzuschwächen?

Die klassische Ethologie hatte sich dieser Frage intensiv vor allem am Beispiel von Buntbarschen und Vögeln zugewandt und dabei das Glück, mit dem niederländischen Verhaltensbiologen Nikolaas Tinbergen einen Meister der Beobachtung und des Experiments in ihren Reihen zu haben. Niko Tinbergen gehörte neben dem Gänsevater Konrad Lorenz und dem Erforscher der Bienensprache Karl von Frisch zu den Verhaltensforschern, die 1973 den Nobelpreis für Physiologie oder Medizin erhielten. Dass Tinbergen nie den Popularitätsstatus von Lorenz und Karl von Frisch erreichte, hatte auch mit seinen Lieblingstieren zu tun. Tinbergen hat die meisten seiner Freilandversuche an verschiedenen Möwenarten unternommen und Möwen waren schon damals keine Sympathieträger.

Tinbergen aber hatte eine tiefe Intuition für die Vögel, was auch damit zusammenhing, dass er von ihrem hohen Aggressionspotential ebenso faszinierte war wie von ihrer Neigung, in Kolonien dicht an dicht zu brüten. So hatte er schnell entdeckt, dass die schwarze Kopffedermaske der Lachmöwen tatsächlich ein Drohsignal war. Im Paarbildungs- und späteren Begrüßungszeremoniell der Partner behält die

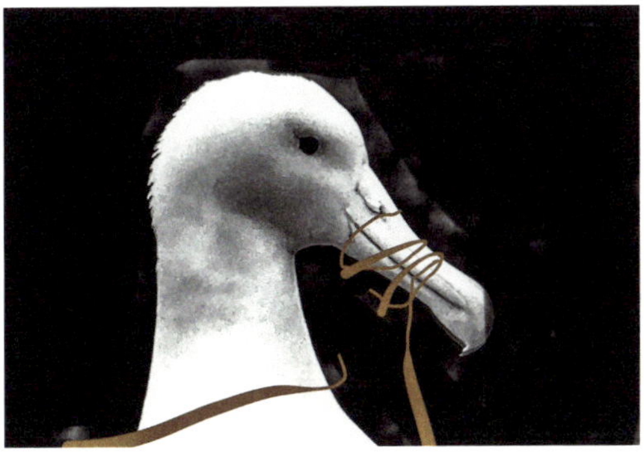

No Laughing Mood, 2024

Maske diese Funktion auch, allerdings wenden sich die Partner beim Grußakt voneinander ab und richten ihre Drohwaffen, Maske und Schnabel, vom Partner weg. Das Verbergen oder Abwenden von potentiell aggressiv einsetzbaren Körperteilen wie Zähnen und Schnäbeln ist dann auch ein weitverbreitetes Phänomen bei der Einleitung freundlicher Kontakte. Die Aggressionspotentiale sind damit aber nicht aus der Lachmöwenkolonie verschwunden.

So hatte Tinbergen in den Sanddünen, in denen die Lachmöwen brüteten, gesehen, dass die brütenden Eltern die Eischalen nach dem Schlüpfen der Jungen aufnahmen und vom Nest wegtrugen. Die Eier wie die Jungen der Lachmöwe sind im Nest gut getarnt. Die Innenseiten der aufgebrochenen Eischalen hingegen sind sehr weiß und sehr auffällig. Nikolaas Tinbergen führte dazu ein Experiment durch. Er bemalte Hühnereier in Möwentarnfarben und verteilte sie über die gesamte Kolonie, mit dem Ergebnis, dass die gut getarnten Eier von Räubern wie Krähen eindeutig häufiger entdeckt wurden, wenn eine weiße zerbrochene Schale in der Nähe lag. Es war also nur klug, wenn die Lachmöwen die Eischalen nach dem Schlüpfen der Jungen aus dem Nest entfernten.

Möwen sind gegenüber Artgenossen nicht rücksichtsvoll und sie verzehren auch die Küken des Nachbarnestes, sofern sie sich gut schlucken lassen. Das ist aber nur der Fall, solange das Gefieder der Jungen noch nass und verklebt ist. Wie Tinbergen beobachtete, brachten deshalb die Eltern die Eischalen nicht sofort weg, sondern warteten bis das Gefieder der Jungen ausgetrocknet und flaumig geworden war. Tinbergen vermutete darin einen Kompromiss zwischen Nutzen und Kosten der Verhaltensweise, bei der der Nutzen durch die verbesserte Tarnung und die Kosten durch die Gefährdung des beim Schalenwegbringen alleingelassenen Jungvogels abgewogen sind. Die Idee, Kosten und Nutzen von Verhaltensweisen zu messen war damit in der Welt und Tinbergen hatte mit der Frage nach der Bestimmung des Überlebenswertes verschiedener Verhaltensweisen eine experimentelle Basis geschaffen.

Waldbrettspiel – Im Sommer 1976, der in England als „glorious summer" in Erinnerung geblieben ist, war der britische Verhaltensökologe Nick Davies einigermaßen ratlos. Davies hatte gerade seine Doktorarbeit über das Verhalten von Bachstelzen abgeschlossen und dabei festgestellt, dass die Vögel ihre Territorien an einem Fluss manchmal verließen, von Zeit zu Zeit aber wieder zurückkamen, um mögliche Eindringlinge zu vertreiben. Um zu testen, inwieweit die genaue Kenntnis der Gegebenheiten des Territoriums ein Faktor für die Stärke seiner „Besitzer" ist, „owner" oder „residents" nannte sie Davies, wollte er die territorialen Vögel einfangen, um sie später wieder mit den neu eingedrungenen Vögeln zu konfrontieren. Hinderlich war allerdings, dass sich Bachstelzen nur schwer bis gar nicht einfangen ließen, was sein Freilandexperiment schon vor dem Beginn zum Scheitern brachte.

Glorious Summer, 2024

Von den Vögeln entmutigt, wanderte Davies in diesem sonnigen Sommer täglich ohne genauen Plan durch Wytham Woods, einen Wald bei Oxford. Im lichten Wald waren ihm immer wieder dunkelbraune Schmetterlinge mit schwarzen, gelb umrandeten Flecken auf den Flügeln aufgefallen, die besonders gern auf Sonnenflecken saßen. Wenn sich ihnen ein anderer Schmetterling näherte, setzten die Bewohner der Sonnenflecken zu einem kurzen Spiralflug an, fixierten und umkreisten die Eindringlinge und vertrieben sie regelmäßig. Für Davies, der von Schmetterlingen keine Ahnung hatte – was, wie er später sagte, sein Glück war –, sah das so aus, als würden die Tiere ihre Territorien verteidigen. Und damit lag er richtig.

Waldbrettspiele, *Pararge aegeria*, gehören zu den wenigen in unseren Breiten territorialen Schmetterlingen. Von März bis Oktober waren sie damals überall in Europa – mit Ausnahme des hohen Nordens – in zwei Generationen häufig, aber unauffällig. In lichtdurchfluteten Laubwäldern und an Waldrändern sitzen die Männchen auf besonnten Blättern und sondieren die Umgebung. Blüten besuchen die Falter nur selten, sie saugen lieber an ausfließenden Baumsäften, an Wasserpfützen oder reifen Früchten. Tatsachen, die für Davies eher zweitrangig waren. Entscheidend für ihn war, dass sich die Waldbrettspiele leichter einfangen ließen als die Bachstelzen. So konnte er seine fein ausgesponnenen Experimente zur Territorialverteidigung an den Schmetterlingen ausführen: Davis fing die Sonnenfleckenbewohner ein, der Fleck wurde rasch neu besiedelt und wenn er den alten Besitzer wieder freiließ, kam es zu einem Kampf, den immer der alte gegen den aktuellen Besitzer gewann. „The resident always wins", der Besitzer gewinnt immer, lautete Davies Schlussfolgerung. Auch wenn man das Ergebnis heute in „fast immer" korrigieren muss, bleibt Davies Arbeit ein Meilenstein in der Verhaltensökologie.

Was an den Sonnenflecken in Wytham Woods begann, gilt heute als der Anfang der experimentellen Forschungen um das, was in der Biologie die Evolution des Respekts vor dem Eigentum anderer genannt wird. Diese Forschungen stehen in direktem Zusammenhang mit philosophischen Vorgaben, die letztlich auch die Einmaligkeit des Menschen herausstellen sollen, und für die Jean-Jacques Rousseaus Äußerung aus dem *Diskurs über die Ungleichheit* den prominentesten Bezugspunkt darstellt. Nach Rousseau hatte der erste Mensch, der daran dachte, nachdem er ein Stück Land eingezäunt hatte, zu sagen „Das ist meins!", und Menschen fand, die einfältig genug waren, ihm zu glauben, die bürgerliche Gesellschaft mit diesem Betrug begründet.

Dagegen befinden Biologen, dass die Achtung des Eigentums kein einzigartiges Ergebnis der menschlichen Kultur ist, sondern etwas Allgemeines, das in der Evolution zumindest Vorläufer hat. Territoriumsbesitz und den Respekt vor dem Besitz gab es schon vor den Primaten bei Schmetterlingen, Fischen und Vögeln. Mit unserem Recht und unserer Moral sollte man sie trotzdem nicht verwechseln. Die Konvention des Besitzrespekts unter Tieren bleibt in der Regel unbewusst. Sie wird weder formuliert noch gelehrt und Verstöße gegen sie werden auch nicht bestraft.

Weißhandgibbon – Wenn sie angelehnt auf einem Felsvorsprung sitzen, mit angezogen Beinen, den einen Arm hängend, den anderen seitlich abgelegt, und sie einen unter ihren weißen Augenbrauenhalbringen anblicken, kann man sie wirklich für die Menschenfreunde halten, als die Rosemarie Trockel einen von ihnen auf ihrem großartigen Bild *Der Menschenfreund* verewigt hat. Wobei „verewigt" hier nichts anderes heißt, als dass Trockels Bild nach dem heutigen Stand der Bildbewahrungs- und Restaurationstechnik länger leben wird als der darauf so melancholisch in die Welt schauende Weißhandgibbon. Denn Weißhandgibbons leben wie alle Gibbons in den oberen Baumregionen der tropischen Regenwälder Asiens und diese Wälder müssen unbedingt, da beißt die Maus keinen Faden ab, gefällt und in Kohle, Zaster oder Geld verwandelt werden, was natürlich nicht schön ist, sondern armselig, aber auch kein Wunder.

Der Menschenfreund, 2010

Gibbons gehören zu einer Gruppe von Tieren, für die in der Wissenschaft bis heute kein eigener positiver Begriff gefunden wurde, zu den sogenannten Menschenaffen, die über ihre Menschenähnlichkeit zu diesem Namen gekommen sind. Und weil Gibbons – wenn sie mit ihren überlangen Armen mal nicht an Ästen hängen, sondern sich am Boden bewegen – im aufrechten Gang gehen, sah Ernst Haeckel sie im 19. Jahrhundert als die nächsten Verwandten der Menschen. Zum aufrechten Gang kam noch hinzu, dass Gibbons in Paaren mit ihrem Nachwuchs zusammenleben und Haeckel, wie heute noch ein großer Teil der entwickelten Menschheit, die Familie für die naturgegebene Grundeinheit des Menschen hielt. Das Bild von der kulturgeschichtlich relativ modernen Kleinfamilie zeigte bei Gibbons allerdings schon sehr früh erste Risse. Clarence Ray Carpenter, einer der Pioniere der Freilandbeobachtung von Affen, hatte in den 1930er Jahren erste Studien an Gibbonfamilien in Thailand durchgeführt. Dabei hatte er, nachdem seine Verhaltensbeobachtungen abgeschlossen waren, die Paarfamilien abgeschossen, um ihren Knochenbau, den Mageninhalt, die Felle und anderes zu untersuchen. Unter den Paaren befand sich auch eines, dass mit einem Kind zusammenlebte und aus zwei erwachsenen Männchen bestand, ohne dass Carpenter auch nur die geringsten Unterschiede im Umgang mit dem kleinen Gibbon, der dem Säuglingsalter entwachsen war, beobachtet hätte. Ein Ergebnis, das erst sehr viel später Beachtung fand, nämlich im Zusammenhang von Beobachtungen, die Göttinger Primatologen in den 1990er Jahren ebenfalls in Thailand gemacht hatten. Forscher um Volker Sommer und Ulrich Reichard konnten sehr gut belegen, dass es bei Begegnungen zwischen benachbarten Paaren immer wieder zu Kopulationen außerhalb des Paares kommt und dass es auch in Gibbonfamilien externe Vaterschaften gibt. Die sogenannten *extra-pair copulations* wurden in der Folge zu einem Schlagwort nicht nur auf Primatologenkongressen mit der weitreichenden Erkenntnis, dass es bei fast allen scheinbar monogam lebenden Tieren zu Kopulationen außerhalb des Paares kommt. Die aktuelle, mehr neurobiologisch als genetisch orientierte Evolutionsforschung reagiert auch auf diese Tatsachen, indem sie in der Definition der Monogamie, die genetische Monogamie einfach weglässt. Monogame Arten sind demnach solche, bei denen sich zwei erwachsene Tiere langfristig gemeinsam um den Nachwuchs kümmern und nach der avanciertesten Theorie müssen es nicht einmal mehr Mann und Frau sein. Das ist natürlich ein Fortschritt, der es unter diesen Bedingungen weiterhin gestattet, Gibbons als monogam zu bezeichnen. Denn zu zweit leben die Erwachsenen gern, größere Gruppen bilden sie nur mit anderen nicht erwachsenen Tieren. Und die Paare stimmen sich jeden Morgen mit weitreichenden Gesängen von neuem aufeinander ein. Bis zu einer halben Stunde singen sie im Duett, beginnend mit tiefen glockenähnlichen Tönen, die in schmetternd hohe Jauchzer übergehen, bis sie in einem lauten und überhohen, fast hysterisch zu nennenden Gelächter langsam versiegen. Und wer das Glück hatte, diese Morgengesänge über mehrere Tage von benachbarten Paaren, die sich über Kilometer entfernt in den Gesang fallen, zu hören, kann auch sehr eindrucksvoll feststellen, dass die Gesänge immer gleich klingen, was daran liegt, dass sie strikt angeboren sind und durch Lernen nicht verändert werden. Der Schönheit des Klangs schadet das allerdings nicht, wie überhaupt die Bewegungen von Gibbons von einer nervösen Schönheit sind, die es kaum vorstellbar macht, dass sie nicht in jeder Sekunde ihres Tages irgendwo irgendetwas entdecken, das eines Blicks, einer hingehangelten Hinwendung oder eines Kopfkratzens wert ist. „Mit Wachheit ist zu rechnen“, könnte der Titel einer Monografie zu diesen Affen lauten und das unterscheidet sie fundamental vom aktuellen Menschen.

Kastanie – So schön blank rötlich-braun leuchtend wie im September, wenn sie aus den Bäumen auf den Boden knallen, wird die Haut der großen Samen der Kastanie schon in ein paar Wochen nicht mehr sein. Die Haut wird dann etwas verrunzelt wirken, an manchen Stellen wird sie schon schwarz geworden sein und der breite Nabelfleck, den die Botaniker Hilum nennen, ist nicht mehr hell, sondern abgegriffen dunkel. In der Hand werden sie sich aber immer noch angenehm anfühlen. Dass man sich für Kastanien gerne bückt, um sie aufzuheben, in die Tasche zu stecken und mitzunehmen, ist sehr wahrscheinlich auch einer der Gründe für ihre Ausbreitung. Vielleicht sind sie so – als Mitbringsel eines Spaziergangs im Tiergarten oder Unter den Linden – in die Hinterhöfe nicht nur Berlins getragen worden, in denen sie heute der dominierende Baum sind. Die Rosskastanie ist aber auch wie geschaffen für die Verhältnisse in den quadratisch ummauerten Hinterhöfen. Trotz der speziellen Lichtverhältnisse wachsen die Bäume in die Breite und bilden jene im Hochsommer fast den ganzen Hof beschattende großflächige Krone aus, während Birken zum Beispiel versuchen, gerade und schnell nach oben zum besseren Licht zu wachsen. Auch mit den kargen Böden kommen sie gut zurecht. Außerdem sind ihre Wurzeln leicht zu bändigen. Sie brechen nicht durch Mauern, wie es Robinien- oder Ahornwurzeln tun können, und heben auch keinen Straßenasphalt an, um mehr Luft zu atmen.

Zumindest für die über 20.000 Kastanien im Stadtgebiet Berlins gibt es in diesem Jahr neben der immer wieder schönen Form der Samen noch andere gute Nachrichten. Waren die Blätter der Kastanien in den Jahren nachdem im Jahr 2002 zum ersten Mal der Befall der Bäume durch die Kastanienminiermotte festgestellt worden war, um diese Zeit entweder rostig braun zusammengeschrumpelt oder bereits zu großen Teilen abgefallen, so hängen in diesem Jahr die Blätter noch fast vollständig an den Bäumen und werden so langsam gelb wie sie es vor dem Einzug der kleinen Motte über Jahrhunderte getan hatten.

Wie das Berliner Pflanzenschutzamt der Deutschen Presse-Agentur mitteilte, sei der Mottenbefall in diesem Jahr so niedrig wie noch nie seit 2002. Das Amt machte dafür seine gute Laubpolitik verantwortlich, die dafür sorge, dass das Kastanienlaub im Herbst entfernt werde und so im Frühjahr weniger Motten für den Befall der Blätter schlüpfen könnten. Und das hängt mit dem Lebensrhythmus der Kastanien-Miniermotte, wissenschaftlich *Cameraria ohridella*, zusammen. Der nur fünf Millimeter lange Kleinschmetterling ist die einzige Art seiner Gattung, die überhaupt in Europa vorkommt und sich seit ihrer Erstbeschreibung 1985 von Mazedonien aus rasant Richtung Berlin ausgebreitet hat. Im Frühjahr, wenn die Motten aus den überwinterten Puppen schlüpfen, sitzen sie mit dem Kopf nach oben gut sichtbar an den Stämmen von alten Kastanien. Zur Hauptblüte der Kastanie im Mai schwärmen sie bei Sonnenschein aus. Ihre weißen Eier legen sie einzeln auf den Blattoberseiten ab. Die zwei Wochen später schlüpfenden

Surgery, 2024

flachen Larven bohren sich in das Blatt und zehren durch ihre Fraßtätigkeit die Palisaden- und Schwammparenchymzellen auf. Am Ende der Larvalstadien spinnen sie in den Blattminen einen seidigen, linsenförmigen Kokon, in dem sie sich verpuppen. Miniermotten bringen es so auf drei Faltergenerationen im Jahr. Die jetzt im Laub ruhenden Mottenpuppen bleiben den Winter über ruhig und überstehen auch jede normale Kompostierung unbeschadet. Gegen die Berliner Blattvernichtung der letzten Jahre waren sie offensichtlich zu großen Teilen chancenlos. Wie das Pflanzenschutzamt aber mitteilte, waren die Laubsauger nicht allein dafür verantwortlich. Blau- und Kohlmeisen hätten auch ihren Anteil an der Vertilgung der Motten, was nicht schwerfällt zu glauben, denn die kleinen Meisen bearbeiten in den Schlupfperioden der Motten die Blätter intensiv mit ihren Schnäbeln.

Das beruhigt, denn wer jahrelang im Frühjahr die zahlreichen weißen mit gelbroten Flecken durchzogenen aufrechten rispenartigen

Blütenstände bewundert hat, möchte den Anblick nicht missen. Schließlich sind es nicht zuletzt die Blüten, die den Baum überhaupt nach Mitteleuropa gebracht haben. Kastanien sind im ökonomischen Sinn nutzlose Bäume. Ihr grobfaseriges Holz ist nicht wertvoll und forstwirtschaftlich ohne Bedeutung, die Samen schmecken bitter und sind leicht giftig. Dass die gemeine Rosskastanie im 16. Jahrhundert aus ihren Ursprungsgebieten in Kleinasien und den Bergwäldern des südlichen Balkans nach Mitteleuropa eingeführt wurde, wird denn auch einhellig ihrer Blütenpracht zugeschrieben. Dass der Baum sich dabei entlang der Postkutschenwege ausbreitete, soll auch der Grund für das Ross in ihrem Namen sein. Zum Schattenspender in Biergärten in München oder Berlin wurde sie erst sehr viel später.

'stju:ət, 2021

Abbildungsverzeichnis

Alle abgebildeten Arbeiten in *Leichtes Unbehagen 2 – Von Menschen und anderen Tieren* sind im Dialog mit den Texten Cord Riechelmanns entstanden und wurden von Rosemarie Trockel für diese Publikation produziert oder aus ihrem Archiv ausgewählt.

Leichtes Unbehagen 1

Rosemarie Trockel und Cord Riechelmann

Inhalt

Leichtes Unbehagen 2

Rosemarie Trockel und Cord Riechelmann

Inhalt

Go Away Bird, 2011

Impressum



Herausgeberin: Brigitte Oetker
Lektorat: Isabel Podeschwa
Gestaltung: Lars Heller, Heller & C GmbH
Lithografie und Druck: DZA Druckerei zu Altenburg GmbH

Erschienen im Verlag der Buchhandlung Walther und Franz König
Ehrenstraße 4, 50672 Köln

Bibliografische Information der Deutschen Nationalbibliothek
Die Deutsche Nationalbibliothek verzeichnet diese Publikation in der
Deutschen Nationalbibliografie; detaillierte bibliografische Daten sind über
http://dnb.d-nb.de abrufbar.

Printed in Germany

Vertrieb:
Buchhandlung Walther König
Ehrenstraße 4
50672 Köln
Telefon +49 (0) 221/20 59 653
verlag@buchhandlung-walther-koenig.de

ISBN 978-3-7533-0765-7

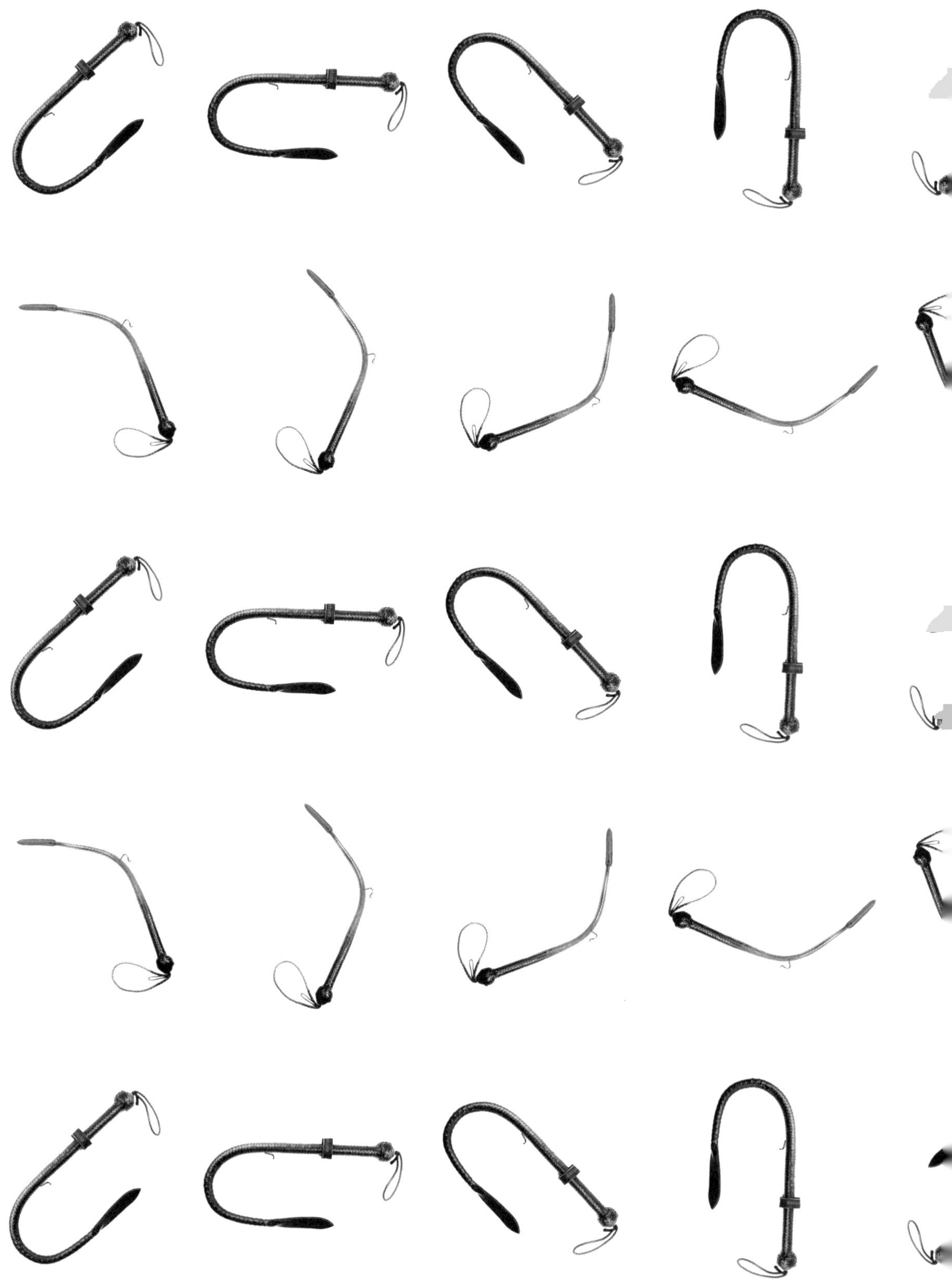